怖くて眠れなくなる植物学

稲垣栄洋

PHP文庫

○本表紙図柄＝ロゼッタ・ストーン（大英博物館蔵）
○本表紙デザイン＋紋章＝上田晃郷

はじめに

うっそうとした暗く深い森の中に分け入ったとき、私たちは言い知れない恐怖に襲われることがあります。昔の人たちは、そんな深い森に人間を寄せ付けない異世界を感じ、そこを魔物や妖怪のすみかなのだととらえました。

植物が生い茂った森は、私たち人間に恵みを与えてくれる存在であるはずなのに、なぜか森の中では恐ろしさを覚えてしまいます。もしかすると、周りを見渡せない閉ざされた暗い空間が、人間に恐怖を感じさせるのかもしれません。

少し開けた場所であれば、どうでしょう。神社にそびえたつ巨大なご神木。あたりには静寂が広がり、まさに聖域と言うにふさわしい場所です。一人そんな巨木を眺めているとき、人知れず不思議な恐ろしさを感じてしまうことがあります。そして、静まり返った音のない場所から逃げだしたくなってしまうような気にさえなるのです。

「畏怖」という言葉があります。

「畏」は恐れるという意味です。そして「怖」は怖いという意味です。しかし、畏怖という言葉には、「敬い、かしこまる」という意味があります。植物には、人間には計り知ることのできない何かがあります。どこか人智の届かないものがあるような気がします。そんな植物に、昔から人々は「畏怖」を感じていたのです。

そんなことはない、と思う人も多いでしょう。現代人は、植物に対して恐怖を感じる機会は少ないかもしれません。しかし、植物を見つめ、植物と対峙《たいじ》してみてください。森の木々、野原の草花、畑の野菜、道ばたの雑草、花壇の花、果物屋の果物……。私たちの周りには植物があふれています。

そんな植物の中にただ一人、身を置いてみてください。もしかすると、植物がみんなこちらを見ているような錯覚を感じるかもしれません。そして、植物が怖いという言い知れぬ不思議な感覚に襲われるかもしれないのです。

植物は私たちと同じ生き物です。しかし、その姿形や生き方はずいぶんと異なります。姿形の異なる化け物が恐ろしいのだとすれば、人間とはかけ離れた姿をした植物を怖く感じることがあるのも無理のない話かもしれません。

　そもそも、「怖い」という感情は、何でしょう。人は、得体の知れないものに恐怖を感じます。得体の知れないものは、自分の生存を脅《おびや》かす存在だからかもしれません。しかし、「怖いもの見たさ」という言葉もあります。人は得体の知れないものに、好奇心を感じます。得体の知れないものは、もしかすると人間にとって有益だからかもしれないのです。

　たとえば、暗いトンネルに入るのは怖いですが、トンネルの向こうに行ってみたいという気持ちになります。あるいは、空から未知の物体が下りてくることは恐ろしいことです。しかし、一目見たいと思うでしょう。そして、未知の物体の扉が開くのではないかとソワソワしてしまうかもしれません。

　得体の知れないものは怖い、しかし、得体の知れないものは面白い。恐怖と興味は裏返しなのです。新しいものに対する恐怖と新しいものに対する興味。

　もしかすると、この二つが人類を発展させて、文明や科学技術を発達させたのかもしれません。

　謎に満ちた植物の世界は「怖い」――そして、「面白い」のです。さあ、『怖くて眠れなくなる植物学』の物語が始まります。

怖くて眠れなくなる植物学　目次

Part Ⅱ
奇妙な植物

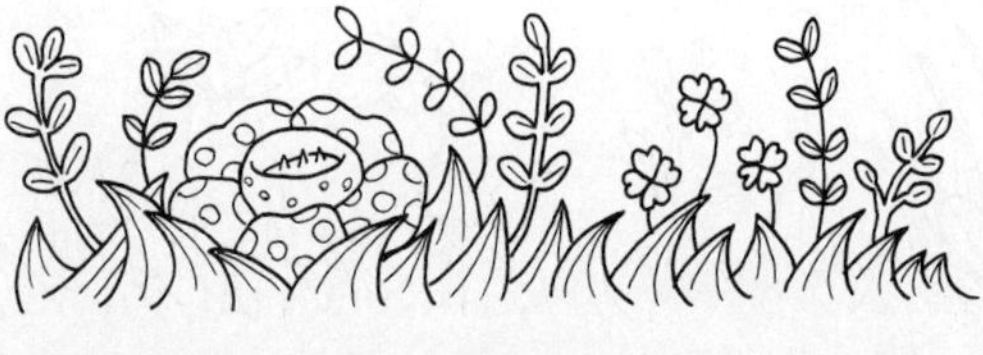

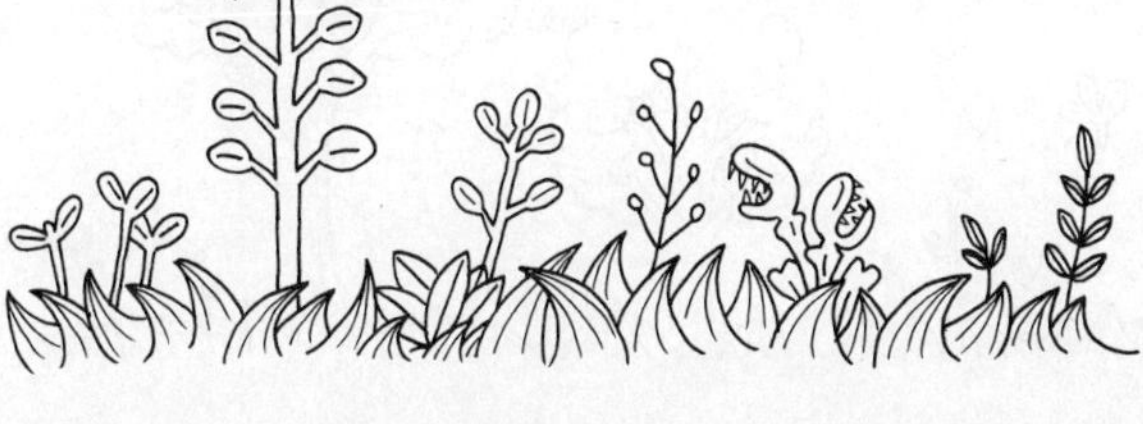

Part Ⅲ

毒のある植物たち

Part Ⅳ

恐ろしき植物の惑星

本文デザイン&イラスト　宇田川由美子

Part I

植物という不気味な生き物

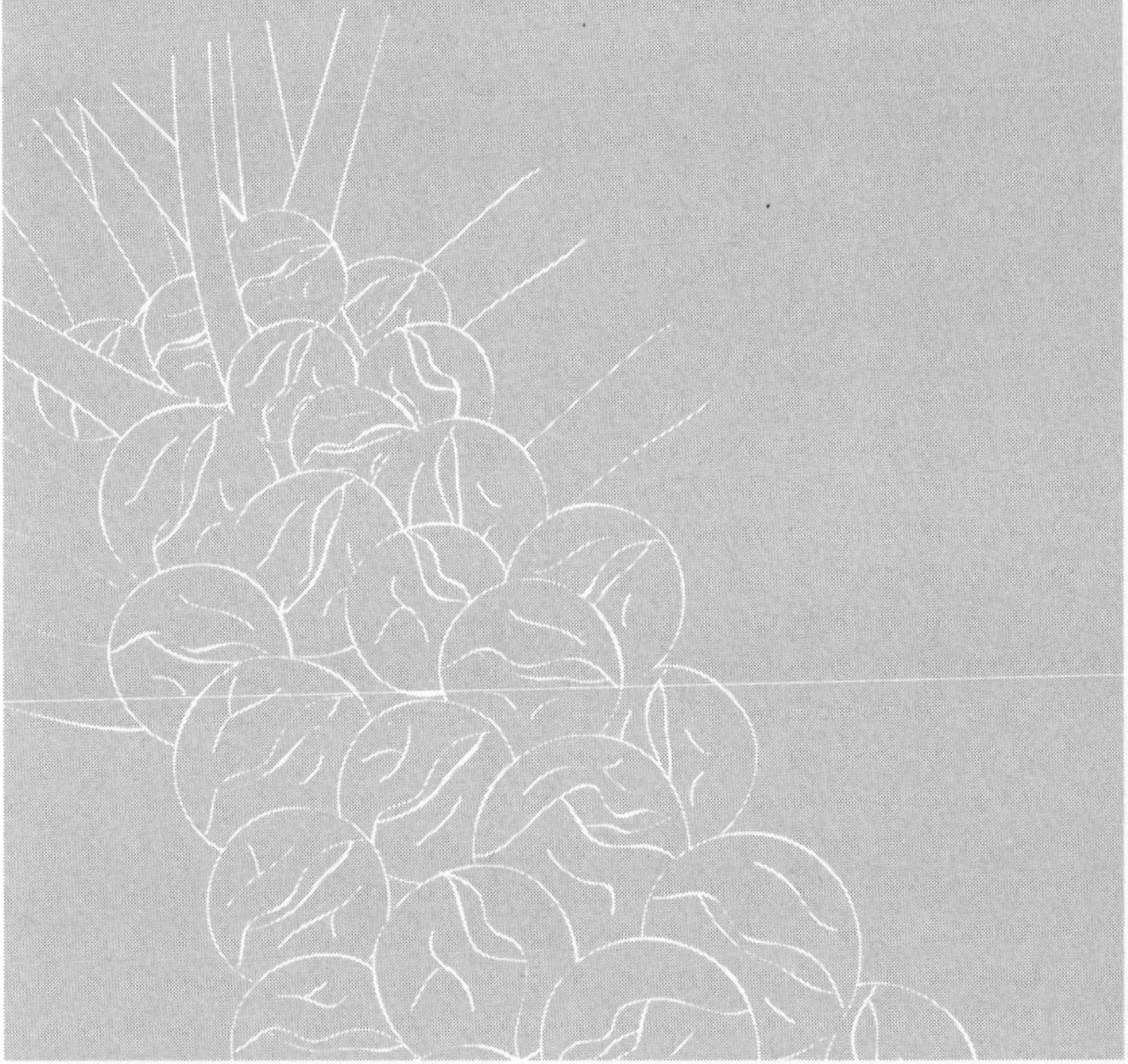

何度でも蘇る

不死身の怪物!?

SF映画では、不死身の怪物が登場することがあります。腕を切り落としても、腕が再生して生えてきます。頭を吹き飛ばしても、再び頭が現れます。そして、体を真っ二つに切り裂いて息の根を止めたと思っても、再生して蘇《よみがえ》ってくるのです。

もし、あなたの目の前にそんな生き物が現れたとしたら、どうでしょうか。しかも、その怪物は、人間が想像で作り上げたどんな怪物よりも奇妙な形をしています。何しろ体には骨がありません。目も口もありません。脳みそさえないのです。

じつは、こんな奇妙な怪物たちが、あなたの周りに潜んでいます。

その怪物こそが「植物」です。

植物は枝を落としても、新たな枝を伸ばしてきます。幹を折っても、根元から倒しても、痛がることもなく、苦しむこともなく、何事もなかったかのように再生してくるのです。

植物も私たちと同じ生き物です。しかし、その姿形は、私たちとは相当異なっています。人間と比較すると、ずいぶんと奇妙で気持ちの悪いものです。

人間は、組織ごとに役割分担が決まっています。脳は情報を整理するためのものですし、目は物を見るためのものです。また、手は物をつかむためのものですし、足は歩くためのものです。そのため、目がなければ何も見えませんし、脳がなくなれば、死んでしまうのです。

植物は違います。

植物は「葉と枝」のような基本構造を繰り返し、まるでおもちゃのブロックを積み上げるようにして、体を作っていきます。体の一部分を失ったとしても、また、ブロックを積んでいけばよいのです。そのため、植物は右に伸びたり、左に伸びたり、形を自由に変えることができますし、大きさも自由自在です。

また、人間の脳、目、胃、足のように、組織の役割が明確ではなく、どの基本単

◆植物のモジュール構造（基本単位の繰り返し構造）

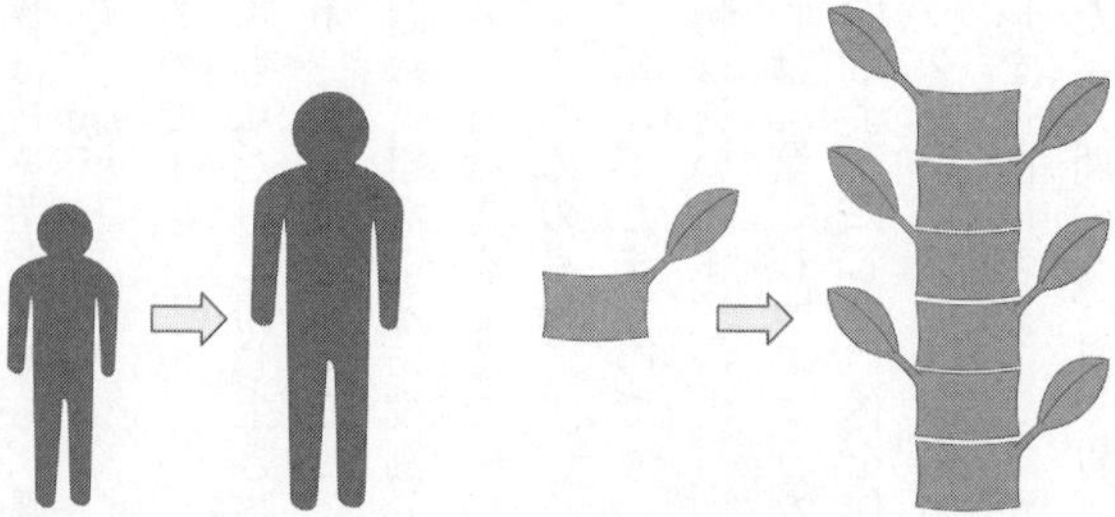

植物は体サイズの可塑性が大きい

位でも刺激を受けて反応したり、光合成をしたり、成長したりすることができるのです。

再分化という生存戦略

もともと、生物の基本構造である「細胞」は、あらゆる器官になるための情報をＤＮＡとして持っています。しかし、人間の場合は、脳になる細胞や胃になる細胞というように、役割を与えられて、その器官になっていくのです。これを「分化」と言います。

植物の細胞も分化しますが、動物ほど明確ではありません。そのため、植物は傷つくと、カルスと呼ばれる分化していない細胞で傷を覆います。これを「脱分化」と言います。そして、カルスから根を再生したり、芽を再生したりするのです。カルスから新たな器官を再生することを、「再分化」と言います。

このように、植物の細胞は脱分化や再分化させることが容易なので、試験管の中で細胞を培養すれば、細胞一個からでも新しい植物を再生させることができます。

植物は、ずいぶんと奇妙な生き物に思えますが、それは人間を当たり前の生き物としたときの考え方です。人間は、すべての情報を脳に一極集中させ、脳が判断して行動するという生き方を進化させた生物です。しかし、これは当たり前ではありません。

たとえば昆虫は、情報を処理する脳が、足の付け根にも分散しています。そのため、素早く動くことができるのです。人間の脳のように、迷ったり悩んだりすることもありません。

昆虫からしてみれば、脳が一つしかない人間はずいぶんと奇妙な生き物に思えることでしょう。そして、植物からすれば、脳がなくなっただけで生きていけない人間など、ずいぶんと奇妙な生き物に思えるに違いありません。

不老不死の生き物

ちぎれても再生する

SF映画に登場する怪物は、体が二つに裂けると、そのどちらも再生して二体の怪物に増えてしまうことがあります。撃ち落としたはずの腕が再び生えてくるだけではなく、ちぎれた腕のほうも再生して、新たな怪物となることがあります。攻撃すればするほど、怪物は数を増やしていくのです。

これも、植物では当たり前のことです。

地下茎で伸びた畑の雑草は、耕されて茎がちぎれても、ちぎれた茎のすべてが再生して、雑草が増えてしまうことがあります。

実際に植物の中には、種子で増えるのではなく、体の一部を分離させて増えるものがあります。たとえば、植物が作る芋がそうです。花が咲いた後にできる種子は、植物にとっては自分の子どもですが、芋は自分の体の分身です。そのため、芋

◆「木を増やす」仕組み

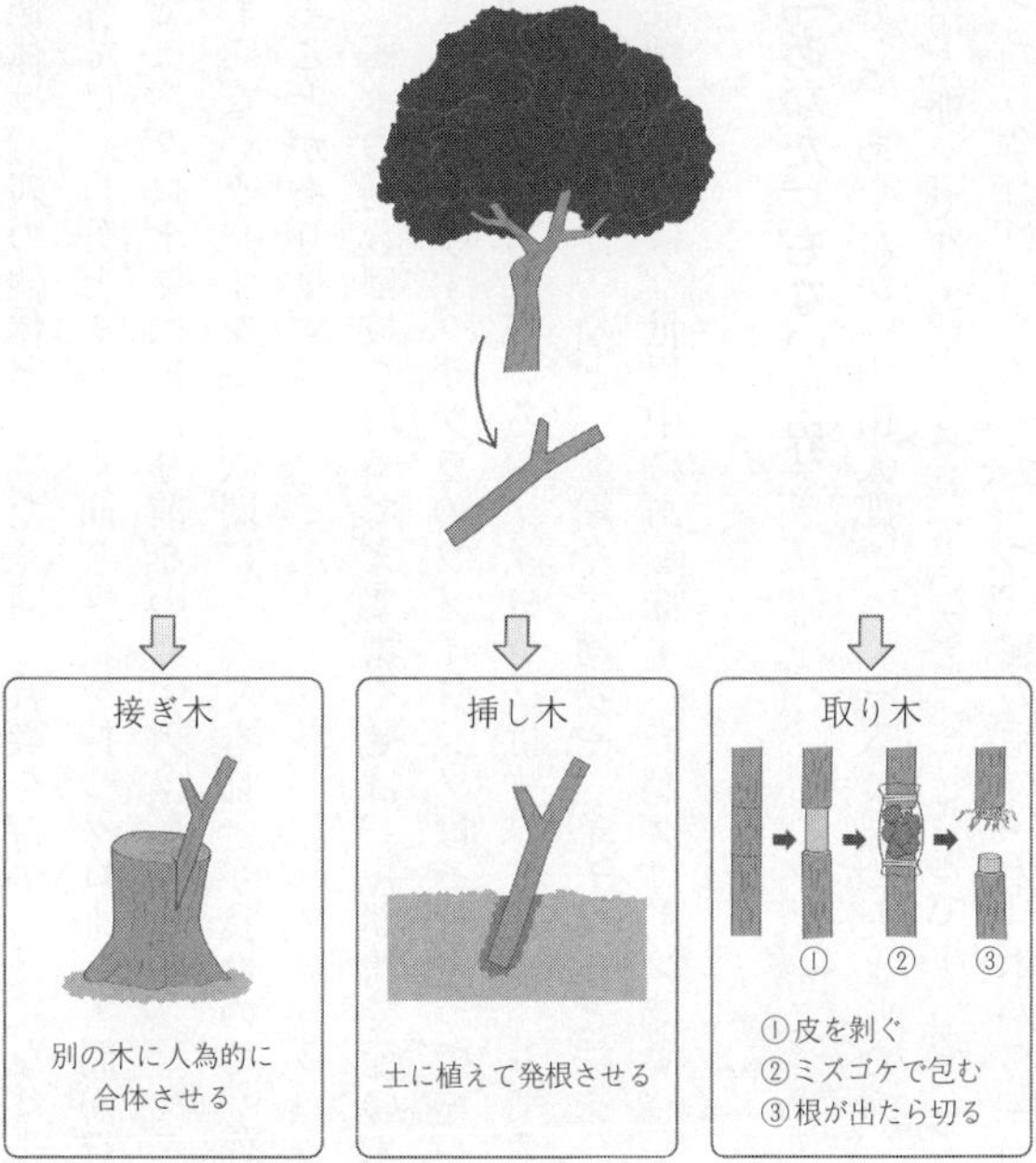
接ぎ木
別の木に人為的に
合体させる
挿し木
土に植えて発根させる
取り木
①
②
③
①皮を剝ぐ
②ミズゴケで包む
③根が出たら切る

から生じた個体は、親の個体とまったく同じ特徴を持つことになります。

ＳＦの世界では、自分とまったく同じ性質を持つクローン人間が登場しますが、植物の世界では、クローンは当たり前なのです。

性質が変わらないクローンは、人間にとっても都合が良いので、作物はクローンで増やされることがあります。

たとえば、樹木の場合は枝を取ってきて増やせば、短期間で元の木と同じ性質の木を増やすことができます。サクラのソメイヨシノはそうやって増やされました。そのため、全国に植えられているソメイヨシノはすべてクローンです。

ジャガイモやサツマイモなど芋で増やす植物や、イチゴなど株を分けて増やす植物も、同じ品種であれば、世界中にある株すべてがクローンです。

「私」も「あなた」もない世界

これは、もし、あなたが「山田太郎」という人であったとしたら、日本中が同じ人格の「山田太郎」で埋め尽くされているということです。そして、爪を切ったり、髪を切ったりすれば、爪の一つ一つ、髪の毛の一本一本から「山田太郎」が再生されてくるかもしれません。何とも気持ちの悪い話です。

植物は、どんな気持ちなのでしょうか。こうなると植物には「私」も「あなた」もありません。「自分」という存在さえ不確かなものです。

そして、自分は死んだとしても、自分の分身は生き続けます。そうだとすると、自分は死んだことになるのでしょうか。それとも永遠に生き続けていることになるのでしょうか。

ヒガンバナは縄文時代後期に中国大陸から日本にもたらされました。ヒガンバナは種子を作ることはできません。球根が分かれて増えていくだけです。そうだとすると、ヒガンバナは縄文時代からずっと生き続けているということになります。ヒガンバナは死ぬことはないのです。

人間は「自分」がはっきりしています。そして命は自分のものです。しかし、植物は「命」や「寿命」という概念がはっきりしていません。「自分」とは何なのか、「命」とは何なのでしょうか。それを考えると夜も眠れません。

超大国を作ったイモ

なぜ植物は花を咲かせる?

植物が種子で増える方法を「種子繁殖」と言うのに対して、体の一部を分離して増える方法を「栄養繁殖」と言います。

また、種子をつけるためには雄しべの花粉を雌しべに受粉させることが必要です。つまり、動物と同じように雌雄の性があります。そのため、種子で増える方法を「有性生殖」と言います。これに対して、分身を作る栄養繁殖は「無性生殖」と言います。

茎がちぎれたり、芋を作ったりして、体の一部を切り離せばいい無性生殖は簡単です。これに対して有性生殖は大変です。

まず、雄しべで作った花粉を他の花の雌しべに運ばなければなりません。自分の雄しべを自分の雌しべにつける方法もありますが、それでは、自分の遺伝子だけで

◆**種でも増える、芋でも増える**

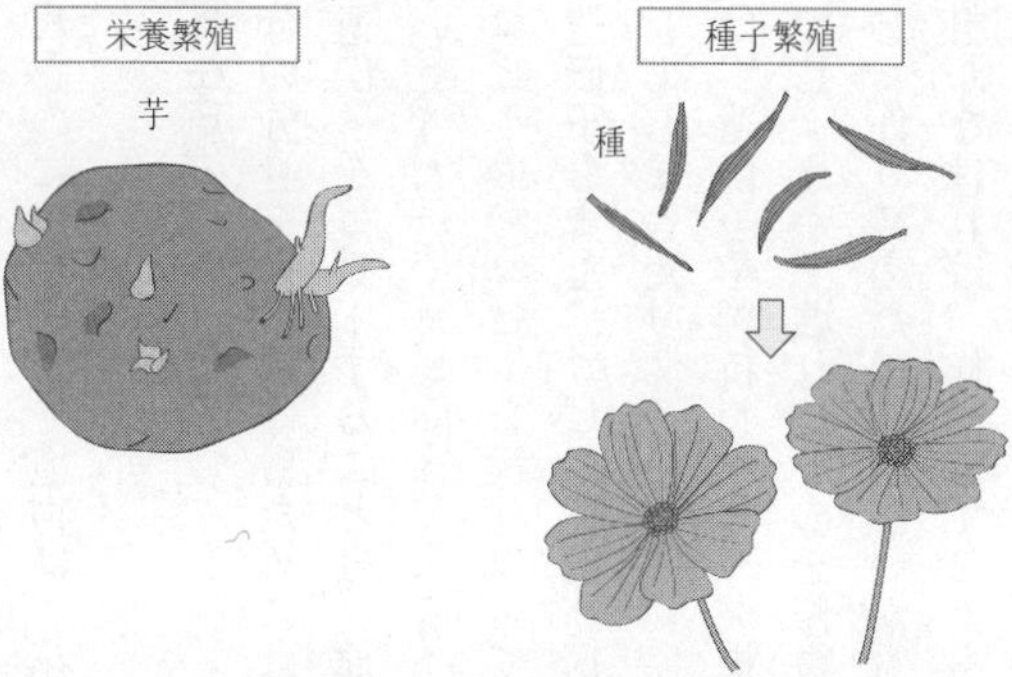

子孫を作らなければならないので、栄養繁殖と大差がありません。せっかく種子を作るのであれば、他の花の遺伝子も取り入れたいのです。

花粉を運ぶ方法としては、風で運ぶ方法（風媒）や虫に運んでもらう方法（虫媒）があります。

風で花粉を運ぶ方法は不確かなので、大量の花粉を作らなければなりません。また、虫に花粉を運んでもらうためには、目立たせるためにきれいな花びらをつけたり、虫を呼び寄せるために蜜を用意しなければなりません。それでも、確実に花粉をやり取りして種子が作れるとは限らないのです。

有性生殖は、無性生殖に比べてコストが掛

かる上に、リスクもあります。けっして有利な方法ではありません。
それなのに、どうして植物は、花を咲かせて有性生殖を行うのでしょうか。

有性生殖のメリット

自分の分身を作り続けるためには、細胞分裂を繰り返し起こします。細胞分裂をして遺伝子をコピーすることは、原本の文章を書き写していくようなものです。書いていくうちに、書き間違えたり、写し間違えたりすることもあるでしょう。また、コピー機でコピーを繰り返していけば、印刷が薄くなってしまいます。同じように遺伝子もまた、コピーを繰り返すうちに、遺伝子の情報が失われたり、性質が衰退してしまったりするのです。

では、遺伝子を維持したり、欠損した遺伝子を修復するためには、どうしたらよいのでしょうか。壊れたものを修復するのは大変です。それよりも、一度、分解して新しく作り替えたほうがよいかもしれません。しかし、衰《おとろ》えた材料ばかりで新しい材料がなければ、作り直すこともできません。そこで生物は、他の個体と遺伝子を交換することによって、新たな材料を手にし、遺伝子を作り替えようとしてきたのです。それが有性生殖です。

さらに、有性生殖には、良いことがあります。

自分のコピーは、すべて同じ性質を持っているので、弱点もすべて同じです。どんなに増えていったとしても、もし、自分が苦手な環境になれば、全滅してしまうかもしれません。

しかし、他の個体と遺伝子を持ち寄って子孫を作れば、さまざまな性質の子孫を作ることができます。そうしておけば、どんなに環境が変化しても、いずれかの子孫は生き残る可能性があるのです。

イネを例に考えてみましょう。イネの染色体は一二対の二四本しかありません。イネが花粉を作るときの減数分裂は、この一二対の染色体からどちらか一本ずつを選ぶ組み合わせになります。これは二の一二乗となり、四〇九六通りになります。これが、花粉だけではなく、種子の元となる胚珠《はいしゅ》それぞれに起こるので、自分で用意できる花粉と胚珠だけで四〇九六×四〇九六で一六七七万を超える組み合わせができます。これが、他の個体と遺伝子を合わせて種子を作るのですから、単純に考えただけでも、その組み合わせは無限です。

短期的には無性生殖が有利ですが、長期的には有性生殖が有利です。植物はこうして長期的視野に立って有性生殖をしているのです。

このように植物は、揃《そろ》わないということを好みます。

しかし、人間は揃うことを好みます。作物を育てるときに、実のなる時期がバラバラだったり、できた実の形や味がバラバラだったら困るからです。そのため、人間はできるだけ植物を揃えて育てようとします。

アイルランドとジャガイモ

ジャガイモは芋で増やされます。栄養繁殖で増やせば、性質が揃うので人間にとって都合が良いのです。ところが、十九世紀半ばのことです。アイルランドでは、ジャガイモの疫病が大流行しました。芋で増やすジャガイモはすべてクローンです。そのため、国中のすべてのジャガイモが、その病気に弱いという性質を持っていました。そしてジャガイモは壊滅的な被害を受け、一〇〇万人にも及ぶ人々が餓死する大飢饉《だいききん》となったのです。食料を失った人々は、故郷を捨てて、新天地のアメリカを目指しました。その数は一〇〇万人にも及ぶとされています。そして、このとき移住した大勢のアイルランド人たちが、現在のアメリカ合衆国の基礎を作ったとされているのです。

人間も男と女がいます。つまりは有性生殖です。

しかし、人間はバラバラであることを嫌います。そして、偏差値や成績で評価して、均質な人材を作ろうとするのです。作物と同じように、そのほうが管理しやすいからです。

生物は、コストを掛けて多様性を創出しています。均一な人間の管理は、人間社会にアイルランドの飢饉のような事件を起こさないでしょうか――。人間は未来永《えい》劫《ごう》、生き残ることができるのでしょうか――。

命短く進化する

永遠に生きるための「死」

皆さんは千年生きられる命と、一年しか生きられない命があるとしたら、どちらを選ぶでしょうか。

私は、少しでも長生きしたいと思っています。私だったら、間違いなく千年の寿命を選びます。

植物の中には、縄文杉の大木のように、樹齢が数千年にもなるような長生きのものがあります。一方で、一年以内に枯れてしまうような一年草もあります。

大木になるような植物と小さな草では、どちらがより進化した形なのでしょうか。

じつは小さな草である一年草のほうが、進化の過程では比較的新しく出現した植物です。その気になれば、何千年も生きることができるのに、不思議なことに、一

◆縄文杉

年以内に枯れるように進化をしているのです。

何千年も生き続ければ、その間にさまざまな障害が起こることでしょう。病原菌に侵《おか》されることがあるかもしれないし、災害に遭うことがあるかもしれません。もし寿命がなく永遠の命があったとしても、永遠の時を生き抜くことは簡単ではないのです。

恐竜時代の終わり頃になると、地殻が変動し、気候が変化するようになりました。この変化に対応するためには、長生きをするよりも、次の世代に早くバトンを渡すほうが確実です。そのため、植物は寿命を短くして、世代を交代していく方法を選んでいったのです。

自らを壊して新しく作る

そもそも「死ぬ」ということそのものが、生物が進化の過程で自ら作りだしたものです。生命は永遠であり続けるために、自らを壊し、新しく作り直す方法を身につけました。そして、一つの生命は一定期間で死に、その代わりに新しい生命を宿すようになったのです。こうして世代を超えて命のリレーがつながっていきます。「死」によって生命は永遠になったのです。

これは、植物だけではありません。動物も同じです。命の輝きを保つために、生命は限りある命に価値を見出《みいだ》しました。

すべての生物は死にたくないと思い、必死に生き抜いています。しかし、生命の進化は「死」を選び、「限りある命」を選び、「短い命」を選んだのです。

「寿命」とはいったい何なのでしょうか。「生きる」とはいったい何なのでしょうか。「命」とはいったい何なのでしょうか。本当に不思議です。

「死」によって命は
リレーされていく

トウモロコシの陰謀

トウモロコシは、宇宙からやってきた植物であるという都市伝説があります。まさか、そんなはずはないでしょう。これは単なる都市伝説に過ぎないはずです。

トウモロコシの起源は謎

それでは、トウモロコシについて検証してみることにしましょう。

トウモロコシは古くから中南米で広く栽培されており、コロンブスが新大陸に到達した後、世界に広まりました。ところが、わかっているのはそれだけで、トウモロコシは、もともとの原産地や起源が、未《いま》だに謎なのです。

栽培植物には、その元となった野生種があります。たとえば、イネには野生のイネがあり、それを栽培改良したのだと想像できます。またコムギは、原始的なコムギの野生種に、いくつかの野生のムギが交雑して改良されたということがわかって

◆テオシント

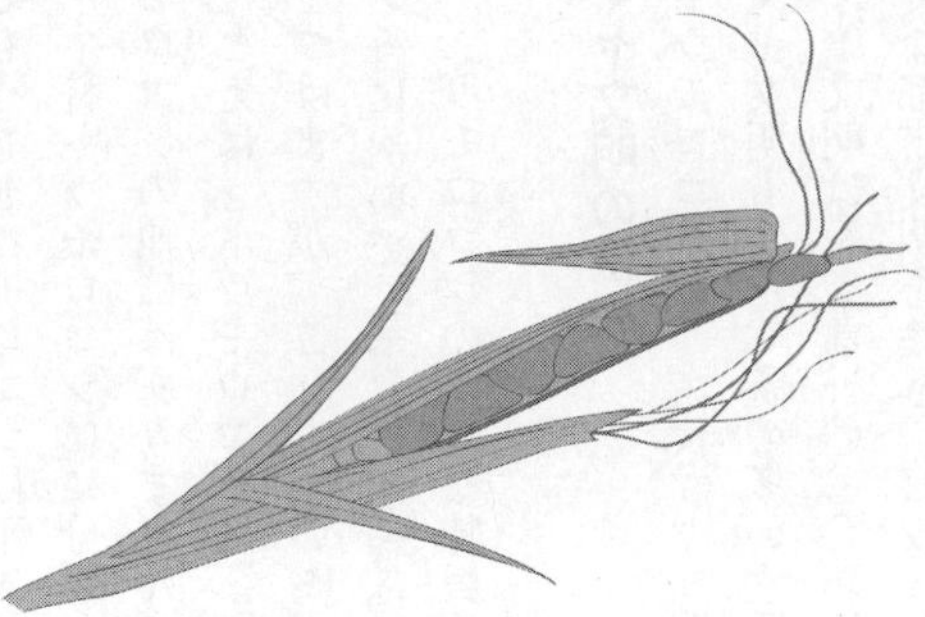

います。ところが、トウモロコシには、野生種やトウモロコシに近い野生植物が見つかっていないのです。

トウモロコシの起源と考えられている植物が「テオシント」です。しかし、テオシントは小さな粒を一〇個程度つけるのみで、明らかにトウモロコシとは見た目が違います。仮にテオシントが野生種だったとしても、そこからどのようにトウモロコシが作られたのか、まったくの謎です。また、別の説では、さまざまなイネ科植物の交雑によってトウモロコシが作られたとも言われていますが、その祖先種は絶滅していて、今となっては証明のしようもありません。

このことから、トウモロコシは地球外から

もたらされたのではないかという都市伝説がささやかれているのです。

そもそもトウモロコシは不思議な植物です。

イネ科トウモロコシ属に分類されますが、トウモロコシ属に分類される植物はトウモロコシの他にはありません。他に似た植物がないのです。

たとえば、トウモロコシは茎の先端に雄花を咲かせ、茎の中段に雌花を咲かせて実をつけますが、これもずいぶん変わった性質です。イネ科は単子葉植物の中ではラン科に次いで二番目に大きいグループであり、およそ八〇〇〇種が含まれますが、トウモロコシのような特徴を持つ植物は他にないのです。

マヤ文明の伝説

トウモロコシは、古代マヤ文明の主食であったとされています。

マヤ文明もまた、謎の多い文明です。

マヤ文明は紀元前一〇〇〇年頃に成立していたと考えられています。そんな昔に高度な都市文明を築き、ピラミッドや神殿を作り上げているのです。しかも宇宙の観測技術に優れ、地球滅亡を予言するマヤ暦を残していることでも知られています。そのため、宇宙人が関与しているのではないかとさえ言われているのです。

このマヤの人々にとってトウモロコシは神聖な作物であり、マヤ文明の古代の壁画にもトウモロコシが人々に力を与えるかのような絵が描き残されています。

マヤの伝説では、神々がトウモロコシを練って人間を創造したと言われています。日本ではあまり見られませんが、トウモロコシの粒の色には黄色や白だけでなく、紫色や黒色、橙色《だいだい》などさまざまな色があります。そのため、トウモロコシから作られた人間もさまざまな肌の色を持っていると伝えられているのです。

しかし、肌の白いスペイン人が中南米にやってきたのはコロンブスの新大陸到達以降の話です。どうして、マヤの人たちは世界中にさまざまな肌の色をした人種がいることを知っていたのでしょうか。

本当に不思議です。

あらゆるところにトウモロコシ

もっとも、地球外の生命体が、わざわざ地球に植物を持ってきてくれたとも思えませんし、違和感なくイネ科に分類されるほど地球の植物とよく似た植物が、地球の外で作られたとは考えられません。宇宙科学の視点から見れば、トウモロコシが宇宙から来たということは、とてもありえないことでしょう。

しかし、気になることがあります。

現在、世界でもっとも栽培されている植物はトウモロコシです。

トウモロコシの用途は、焼きもろこしやコーンフレークだけではありません。牛や豚、鶏などの家畜のエサも今やトウモロコシです。つまり、肉も牛乳も卵も、トウモロコシから作られていると言えるのです。

コーン油やコーンスターチもトウモロコシです。トウモロコシはさまざまな食品の原料となり、かまぼこやビールにまでトウモロコシが入っているくらいです。

炭酸飲料やスポーツドリンクには、人工甘味料として果糖ブドウ糖液糖が入っています。これはトウモロコシから作られたシロップです。

ダイエット食品には、食物繊維として難消化性デキストリンが入っています。これもトウモロコシが原料です。

現代人の体の四〇パーセントは、トウモロコシから作られていると言われているほどです。

食料だけではありません。工業用のアルコールや工業用の糊《のり》もトウモロコシから作られ、他にもさまざまなものがトウモロコシから作られています。今ではプラスチックもトウモロコシから作られますし、自動車を動かすバイオエタノールもトウモロコシです。

私たちの生活はトウモロコシなしには成立しません。そして、今や地球中がトウモロコシに支配されているのです。

まさか……。

もしかすると、これはトウモロコシの陰謀なのでしょうか。そして、もしかすると、トウモロコシは地球を支配するために送り込まれたのかもしれません。

利用しているのは、どっちだ

改良された栽培植物

人間は、長い歴史の中で、自分たちの欲望に任せて、さまざまに植物を改良してきました。

豪華に美しく咲く花々は、人間が喜ぶために改良を続けられてきました。もともと植物の花は、ハチなどの昆虫を呼び寄せるためのものです。しかし、大きな花を咲かせるためにエネルギーを使いすぎて、もはや種子をつけなくなってしまったものさえあります。

植物は、花を咲かせるために成長します。しかし、キャベツやレタスは、花が咲く前の幼いうちに収穫してしまいます。

また、植物の果実は、種子が未熟なうちは食べられないように苦味を持ち、目立たないように葉と同じ緑色をしています。そして、種子が熟すと鳥が果実を食べて

◆キャベツの花

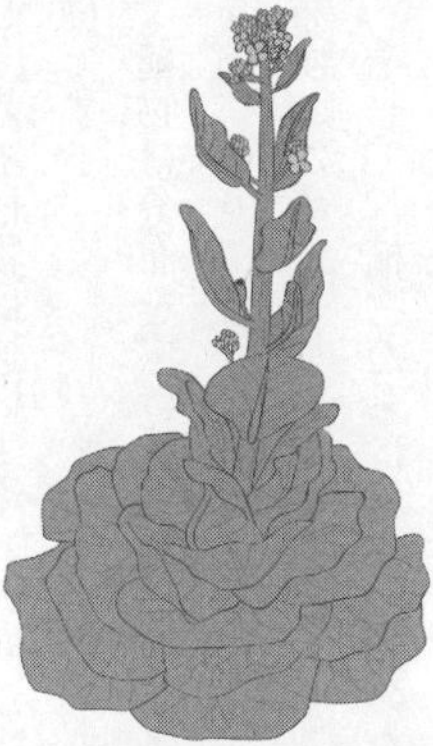

種子を散布するように、赤色や黄色の日立つ色になるのです。ところが、人間たちは苦味がうまいなどと言いだして、ピーマンやニガウリは未熟な果実を食べてしまいます。

不必要に太らされたダイコンやニンジン、必要以上に甘く糖を蓄えたイチゴやブドウ。どれもこれも、自然界では生きていけないような異様な姿をした植物ばかりです。

人間の身勝手な振る舞いが、植物たちを思うがままに改良してきたのです。

しかし……人間たちの欲望のままに利用されてきた栽培植物は、気の毒な存在なのでしょうか。

人間はこのうえなく役に立つ

植物にとって、一番大切なことは何でしょうか。

それは花を咲かせて種子を残すことです。

植物は、交配してより良い子孫を残すために、必死で昆虫を呼び寄せます。しかし、栽培植物は違います。人間が手間ひまを掛けて、交配し、子孫を残してくれるのです。

植物は分布を広げるためにさまざまな工夫をします。たとえばタンポポは、綿毛を風に乗せて種子をばらまきます。また、植物は果実を鳥に食べさせて、種子を散布するために、甘い果実を実らせるのです。

そして、植物たちは昆虫や鳥のために、姿形を変えてきました。

しかし、どうでしょう。人間は船や飛行機を使って、難なく種子を運び、世界中に分布を広げてくれます。しかも、種子をまき、水を与え、肥料を与え、害虫や雑草を取り除いて、世話をしてくれるのです。

栽培植物にとって人間は、昆虫や鳥に比べて、このうえなく便利で役に立つ存在なのです。

自然界を生き抜き、分布を広げようと進化を重ねる苦労に比べれば、人間の欲求に合わせて姿や形を変えることなど、植物にとっては何でもないことだったのかもしれません。

人間が植物を利用しているというのは、思い上がりに過ぎないかもしれません。じつは、まんまと利用されているのは、人間のほうかもしれないのです。

人類が働かなければならない理由

「非脱粒性」の発見

「実るほど頭《こうべ》を垂れる稲穂かな」という諺《ことわざ》があります。
たわわに実った稲穂が垂れ下がるように、人格者ほど謙虚に頭を下げるものだという教えです。

実りの秋になると、稲穂がずっしりと重そうに頭を垂れています。しかし、この風景は植物としては、相当に異常です。植物は、子孫を残すために種子を地面にばらまかなければなりません。籾《もみ》を落とすことなく、穂を支えているイネの姿は、野生の植物ではありえない光景なのです。

農業はメソポタミアで始まったと言われています。

コムギの祖先種と呼ばれるのが、「ヒトツブコムギ」という植物です。しかし、ヒトツブコムギを食糧にすることはできませんでした。野生の植物は、種子を落と

◆ヒトツブコムギ

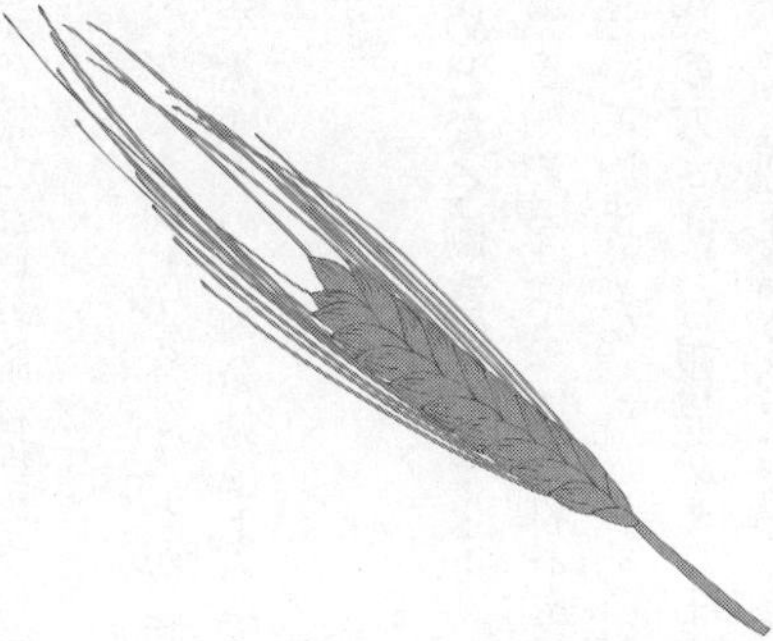

します。地面の上にばらまかれた種子を拾い集めることは簡単ではないのです。
種子が落ちるこの性質を「脱粒性」と言います。しかし、わずかな確率で、種子の落ちない「非脱粒性」という性質を持つ突然変異が起こることがあります。
種子が熟しても地面に落ちないと、自然界では子孫を残すことができません。「非脱粒性」という性質は、野生の植物にとって致命的な欠陥です。
ところが、この性質は人類にとって、ものすごく価値のある発見でした。種子がそのまま残っていれば、収穫して食糧にすることができます。また、その種子をまいて育てれば、種子の落ちない性質のムギを増やしていくことができるのです。

そしてあるとき、人類は、この突然変異の株を見出したのです。種子の落ちない非脱粒性の突然変異の発見。これこそが、人類の農業の始まりです。

アジアでも同じようなことが起こりました。アジアが原産のイネもまた、非脱粒性の突然変異の株の発見によって、作物として栽培されていくようになったのです。

とめどなく働き続ける……

農業を始めるまで、人類は狩りをしたり、植物の実を集めたりする狩猟採集の生活を送っていました。

胃袋の大きさには限界がありますから、どんなに欲深い人も、お腹いっぱいになれば、それ以上食べることができません。一人で大きな獲物を手に入れたとしても、とても食べ切れるものではないのです。それならば、たくさん獲れたときには人に分け与え、その代わりに、他人がたくさん獲ったときに分けてもらうほうが、安定的に食料を得られます。そのため、食料はみんなで分け合ったのです。

しかし、植物の種子は違います。種子は、生育が良い条件になるまで、生きたまま眠り続けます。そのため、保存ができるのです。つまり、人類にとって種子は単なる食料ではありません。それは蓄積することのできる「富」だったのです。

やがて、種子をたくさん蓄えられる人と、そうでない人との間に貧富の差が生まれていきます。そして、お腹いっぱいになれば満たされる食料とは異なり、蓄積できる富には歯止めがかかりません。お腹いっぱいになっても、人類は、富を求めて、農業をやめることなく、やり続けるのです。農業は多大な労力を必要としますが、一度、農業を知ってしまった人類は、もうやめることはありません。こうして、人々は、とめどなく働き続けなければならなくなりました。

一方、「富」は奪い合うこともできます。農業を行う人々は、競い合って働き、競い合って技術を発展させ、強い国作りを行ってきました。そして、富を奪い合うようになったのです。

こうなるともう、後戻りはできません。農業によって人類は人口を増やし、富を求めて働き続け、争い続けるようになりました。

そして文明社会が生まれた

そして、人類は文明を作り上げていくのです。

聖書の物語では、エデンの園に暮らしていた人類の祖先であるアダムとイブは、禁断の果実を食べたことによって無垢《むく》を失い、神によってエデンの園から追い出されたと伝えられています。それから、人類は地を耕して食べ物を得なければならなくなったとされているのです。

まさに非脱粒性の突然変異こそが、人類にとっては「禁断の果実」でした。

もし、植物が「非脱粒性」という突然変異を起こさなかったとしたら、人類は今のような文明社会を発展させることはなかったかもしれません。

一つの突然変異が人類を発展させました。いや、もしかすると一つの突然変異が人類を狂わせてしまったと言えるかもしれないのです。

植物が文明を
狩猟社会から
農耕社会に変えた

人間が作りだした怪物

奇妙なキャベツ

考えてみれば、キャベツというのは、ずいぶんと奇妙な植物です。何しろ、葉っぱが固く巻き付いています。葉は、光合成をするための器官ですから、巻いていては用をなしません。

キャベツに似た植物にメキャベツがあります。メキャベツは、野菜として売られている姿は小さなキャベツのように思えますが、植物の姿はまるで違います。メキャベツは、植物の葉の基部にある脇芽が丸くなったものです。そのため、茎立ちした株に、ギッシリとメキャベツがつきます。葉を取り除くと、メキャベツが所狭しとついていて、とても奇妙な姿です。

キャベツもメキャベツも、自然界では生き残れないような奇妙な姿をしています。野生のオオカミを飼い慣らして、マルチーズやダックスフンドなどのかわいら

◆メキャベツ

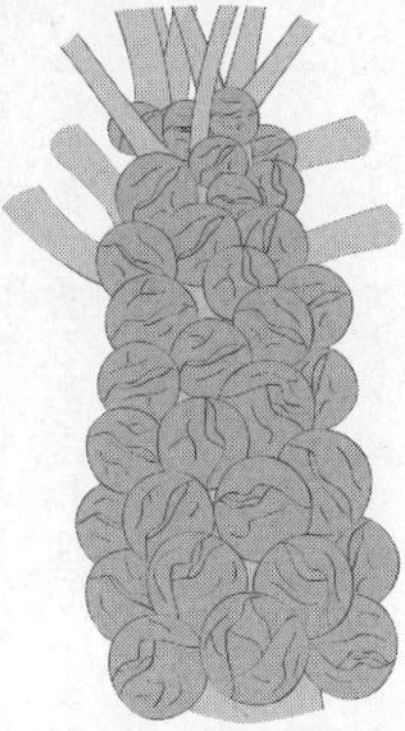

しい犬たちを作り上げたように、人間は野生の植物に改良を重ねて、奇妙な植物を作り上げたのです。

キャベツとメキャベツは、学名が同じ「ブラシカ・オレラセア」です。つまり、犬の仲間にマルチーズやダックスフンドがいるのと同じくらいの違いしかありません。

ブロッコリーも「ブラシカ・オレラセア」です。キャベツは葉を食べるために改良され、メキャベツは脇芽を食べるように改良されました。

そして、ブロッコリーはつぼみを食べるように改良されています。どこを食べるように改良するかによって、似ても似つかないような植物が作りだされているのです。

奇形に改良された作物たち

ブロッコリーは、さらに改良されてカリフラワーになりました。カリフラワーの学名も「ブラシカ・オレラセア」です。私たちが食べているカリフラワーは、つぼみが癒着したものです。畑に置いておけば花が咲きますが、やっと咲いた花は、奇形も多く不恰好《ぶかっこう》で、見るも無残な感じです。それでも、カリフラワーはもっとも進化した野菜であると言われています。敏捷《びんしょう》で精悍《せいかん》なイノシシよりも、鈍足で太ったブタのほうが改良されているというのと同じように、カリフラワーはそれだけ、改良が進められているということなのです。

私たちが食べる作物は、そうやって改良されてきました。

丸々と太ったダイコンや、メロンよりも甘いサツマイモ、色とりどりのカラーピーマンなど、その姿は野生の植物ではありえないものばかりです。野生に存在する植物と比べると、それらは、まるで人間が作りだした怪物のような存在です。

しかし、私たちが食べる作物の多くは、農耕の始まりや文明の始まりとともに栽培化されたものばかりです。現代のように科学が進歩しても、さまざまな品種改良は行われますが、ニンジンやキャベツに代わるようなまったく新しい作物は生まれていないのです。

古代の人類は、いったいどのようにして怪物のような植物を作り上げたのでしょうか。謎は深まるばかりです。

ゴジラに登場した植物怪獣

ジャガイモとトマトの融合

映画「ゴジラ」シリーズに登場する怪獣ビオランテは、ゴジラ細胞とバラの細胞を融合させて作られた怪物です。

仮面ライダーには、食虫植物のサラセニアの能力を付加した改造人間サラセニアンが登場します。世界征服を狙う悪の軍団ショッカーがどのような技術を用いたのかわかりませんが、これも植物の能力を活用しているのです。

植物と動物を融合させて新しい生物を作ることなど可能なのでしょうか。

近年では、遺伝子工学がめざましい進歩を遂げています。

細胞融合というのは、二つの細胞が融合して一つの細胞になることです。この融合は異なる種どうしでも起こるので、植物と植物とでは細胞融合によって新しい植物を作ることが可能です。しかし、細胞融合によって作られた新しい植物は、ミカ

◆オレタチ

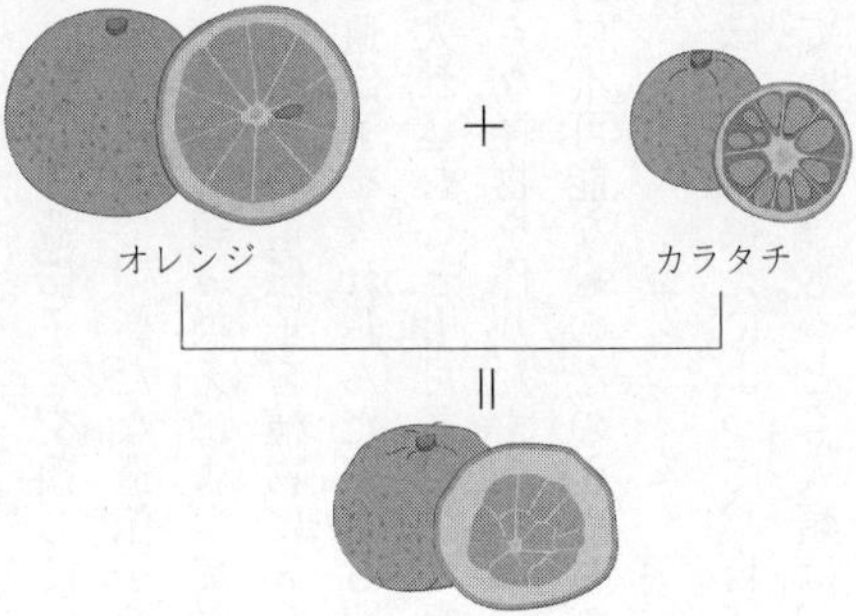

ン科のオレンジとカラタチを融合させた「オレタチ」や、ナス科のジャガイモとトマトを融合させた「ポマト」のように、近縁の種どうしの組み合わせがほとんどです。種類があまりに異なると融合した細胞が正常に育たないのです。

動物と植物とでは、なおさらです。しかし、研究段階では人間の細胞と植物の細胞を融合させることには成功しています。まさか、ゴジラ細胞とバラ細胞を融合させて新たな生物を作ることまで実現してしまうのでしょうか。

種の壁を乗り越える

また、最近では遺伝子組み換えという技術もあります。

遺伝子組み換えは、生物の設計図である遺伝子に、部分的に他の種の遺伝子を組み込む技術です。これまで新しい品種を作りだすときには、一般的に同じ種どうしで交雑をして遺伝子を交換していましたが、遺伝子組み換えの技術を使えば、種の壁を乗り越えて、新たな遺伝子を持たせることができるのです。

この遺伝子組み換えによって動物と植物を組み合わせることはできるのでしょうか。ホタルの遺伝子を植物に入れ込んだ光る植物の開発が進んでいます。また、植物の遺伝子を入れ込んだ家畜も開発されています。研究段階では、人の遺伝子を植物に入れ込むことも可能です。とはいえ、現在の技術でビオランテやサラセニアンのような怪物を作りだすことは、とてもできませんし、どんなに科学が進んでも技術的に不可能なものなのかもしれません。しかし、技術は日々、確実に進歩しています。

遺伝子組み換えによって、自然界では作られなかった動植物が作りだせるようになっています。もっとも人類は、これまでもさまざまな工夫をして、自然界には存在しないような作物や家畜を作りだしてきました。細胞融合や遺伝子組み換えなどの技術開発は、その延長にあります。

許されざるいのち

しかし、人間の技術が、神の領域に近づきつつあることも事実です。科学の進歩として、どこまでが許され、どこからが許されないのでしょうか。

「ウルトラマン」シリーズの『帰ってきたウルトラマン』では、トカゲと食虫植物のウツボカズラを融合させて作られた怪獣レオゴンが登場します。

この放送回のタイトルは、「許されざるいのち」。レオゴンを作りだした科学者は、こう言います。「僕が動物でもあれば植物でもあるようなまったく新しい生命を作りだそうとしたのは、科学者として当然の権利なんだ」。

核エネルギーは、平和利用すれば私たちに恩恵をもたらしますが、武器となれば世界の破滅を招きます。ロケットは宇宙開発につながるロマンあふれる技術ですが、ミサイルに応用されれば人を殺します。

科学技術は、人類が人類の幸福のために作りだしたものです。それをどう使うかは、人類の手に委ねられています。しかし……どこまでも進歩する科学技術の行き着く先は、誰にもわかりません。

植物と動物の違い

ミドリムシは植物？

植物と動物は、どこが違うのでしょうか。

そんなこと、聞くまでもありません。動物は動き回りますが、植物は根を張って動きません。植物には目も口も耳もありません。そして、植物は光を浴びて生きていくことができるのです。

「どこが同じなのですか？」と逆に聞きたいくらい、植物と動物とは似ても似つかないものどうしなのです。

しかし、植物と動物とは、まったく別の生き物なのでしょうか。

植物と動物とは、まったく異なる分類であるはずなのに、そのどちらに分類したらよいのかわからない生物がいます。ミドリムシです。ミドリムシは最近では、健康食品のユーグレナの名で知られています。

◆ミドリムシ

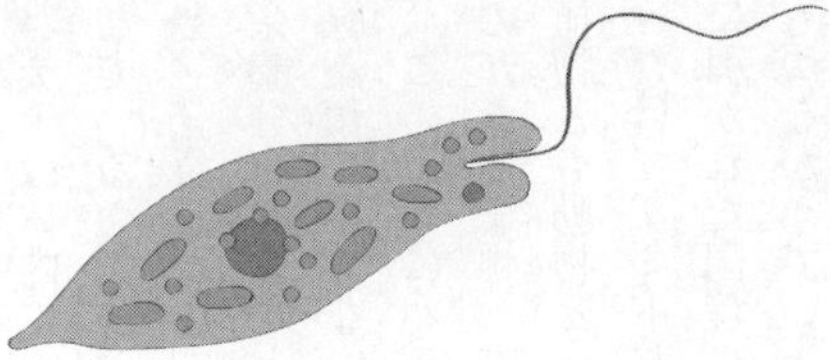

このミドリムシは、植物とも動物ともつかない生き物です。

ミドリムシは葉緑体を持ち、緑色をしています。葉緑体を持つというのは、植物の特徴です。ところがミドリムシは、鞭毛《べんもう》を持っていて泳ぎ回ります。この動き回る点は動物です。つまり、ミドリムシは植物の性質と動物の性質を併せ持っているのです。そのため、ミドリムシは動物図鑑にも名前が記載されていますし、植物図鑑にも名前が記載されています。

分類は人間が勝手に決めたもの

また、「ハテナ」という名前の生物もいます。ハテナは「?」のことです。その名のとおり、ハテナは不思議な生き物です。ハテナは単細胞生物で、鞭毛を持って動き回る動物です。ところが、体は緑色で葉緑体を持っているように見えます。

じつは、ハテナは体内に緑藻類《りょくそう》を共生させていて、緑藻類が光合成で生産した栄養分で生活しているのです。ハテナが不思議なのは細胞分裂をすることです。細胞分裂をすると、分裂した片方は緑藻類を体内に持ちますが、もう片方は緑藻類を持たないので栄養分を得ることができません。

すると、緑藻類を持たないほうは、捕食のための口を持ち、エサを食べるようになるのです。このようにハテナは植物的な生き方をするものと、動物的な生き方をしているものがあります。本当に不思議な生き物です。

しかし、植物とも動物ともつかないとはいっても、それは人間が考える理屈に合わないというだけで、ミドリムシもハテナも当たり前の進化をしてきただけです。

地図の上に引かれた国境や県境は、人間が勝手に決めたものです。本当は、大地はどこまでもつながっています。

富士山はどこからどこまでが富士山でしょうか。富士山のすそ野は、どこまでも広がっています。日本列島は富士山と地続きですから、日本全体が富士山なのだとも言えます。

本来、自然界にあるものに一切の境はありません。しかし人間の脳は、境目を作って区別することで理解できるようになります。そのため、人間は境界を引いて分類しようとするのです。

種とは何か？

生物の分類も同じです。

自然界には知られているだけで二〇〇万種もの生物がいます。この無数にいる生物を、「分類学の父」と呼ばれるスウェーデンの博物学者カール・フォン・リンネ（一七〇七－一七七八）は、まず線を引いて、植物界と動物界の二つに分けました。これを二界説と言います。ところが、やがて微生物がたくさん見つかってくると、原生生物を加えて三界説が唱えられました。しかし、生物の世界をどのように区分すべきかという分類方法は、現在でも確定しているわけではありません。

また、生物を分類するときの基本単位を「種《しゅ》」と言います。たとえば「ヒト」「ネコ」「ヒマワリ」などが種です。種は「他の個体群との形態の不連続性、交配および生殖質の合体の不能、地理的分布の相違などによって区別できる個体群」と定義されています。つまり、種は交配しても子孫ができないという点で区別されるのです。ところが、植物の場合は、異なる種どうしが交配してできた種間雑種が珍しくありません。それどころか、分類上、まったく違うグループである属を超えた属間雑種もあるほどです。

種とはいったい、何なのでしょうか。じつは、この基本単位である種とは何なのかという概念さえも、未だ研究者の間では論争が続いているのです。東北地方と中国地方とは明らかに違っても、日本列島には何の境界線も引かれていませんから、東日本と西日本がどこで分かれるかは明確ではありません。それと同じように、ネコとヒマワリとが明らかに違っても、生物の世界には明確な境界はないのです。

ダーウィンが残した言葉

進化論を唱えたイギリスの博物学者チャールズ・ダーウィン（一八〇九－一八八二）は、この議論を「もともと分けられないものを分けようとするからダメなのだ」と評しています。進化論を唱えたダーウィンにとっては、種は確定したものではなく、進化の途中段階でいかようにも変化するものです。たとえば、進化の元をたどれば、ゾウもキリンも共通の哺乳類の祖先から進化していきました。いったい、どこまでが一緒で、どこから分かれたのでしょうか。鳥の祖先は恐竜だと言われますが、ある日突然、恐竜のお母さんから鳥のヒナが生まれたわけではありません。いったい、いつまでが恐竜で、いつからが鳥だったのでしょうか。

そんな不確かなものを分けることはできないと、ダーウィンは言ったのです。

しかし、すべての情報を脳で処理する人間は、区別して整理することによって安心する生き物です。だから、さまざまなものに線を引いて、区別してわかった気になるのです。

本当は、その区別がないと言われると、急に不安でたまらなくなります。植物と動物との境界でさえ明確ではないのだ。そう考えると、今夜は怖くて眠れそうにありません。

私たちの祖先と植物の祖先

細胞内共生説と植物の祖先

地球に生命が生まれた三十八億年前。その頃には、単細胞生物がいるだけで、動物と植物の区別はありませんでした。しかし、この単細胞生物こそが、動物と植物の共通の祖先だったのです。

単細胞生物は、共生をすることによって発達していったと考えられています。あるとき、一つの単細胞生物が光合成をする別の単細胞生物を細胞内に取り込みました。そして取り込まれた生物は、消化されることなく細胞の中で暮らすことになったのです。

この光合成をする単細胞生物が、現在、植物細胞の中にある葉緑体であると考えられています。葉緑体は細胞の中で独立したＤＮＡを持ち、細胞の中で自ら増殖していきます。このことから、葉緑体は、もともと独立した生物であったと考えられているのです。これが、アメリカの生物学者リン・マーギュリス（一九三八－二〇一一）が提唱した「細胞内共生説」です。

こうして、葉緑体を持った単細胞生物は、動物の祖先と袂《たもと》を分かち、植物の祖先になったと考えられているのです。

この細胞内共生説を連想させるような現象は、今でも観察することができます。

アメーバとクロレラの共生

たとえば、ミドリアメーバと呼ばれるアメーバの仲間は、体の中にクロレラを共生させています。また、コンボルータと呼ばれる扁形《へんけい》動物は体内に藻類を共生させています。

そして、光合成によって得られた栄養分を利用して暮らしているのです。

ゴクラクミドリガイと呼ばれるウミウシの仲間も、奇妙な生き物です。このウミウシは、エサとして食べた藻類に含まれていた葉緑体を体内に取り入れます。そして、その葉緑体を働かせて、栄養を得ているのです。

お父さんお母さん、お爺さんお婆さん、曾《ひい》爺さん曾婆さんと、皆さんの祖先を調

◆ゴクラクミドリガイ

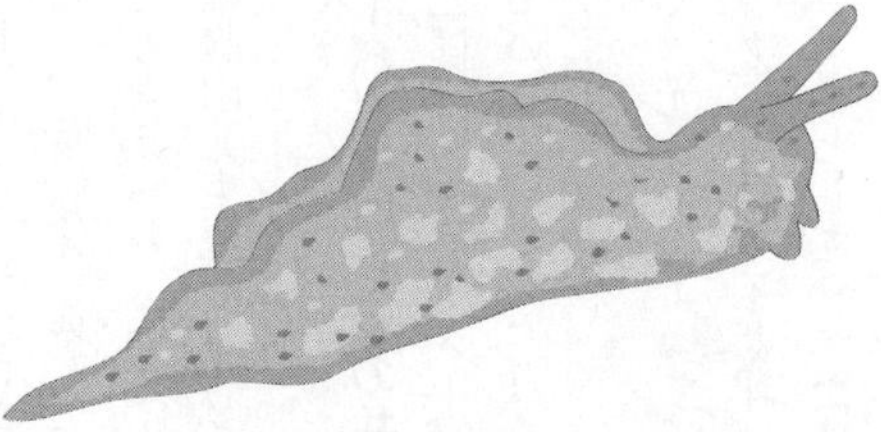

べてみると、数十万年前までさかのぼれば、人類は共通の祖先にたどりつきます。そして、二百万年もさかのぼれば、原人も含めたヒト属の祖先に行き着きます。

もっとさかのぼれば、哺乳類の共通の祖先にたどりつき、四億年あまり昔の古生代シルル紀にまで先祖をたどれば、人間もすべての動物も、鳥もトカゲもカエルも魚も、皆、同じ祖先に行き着くでしょう。そして、さらに六億年も昔になれば、私たち脊椎動物の祖先と、昆虫たち節足動物の祖先は共通になります。こうしてたどっていけば、ついには私たち動物も植物も同じ祖先に行き着くのです。

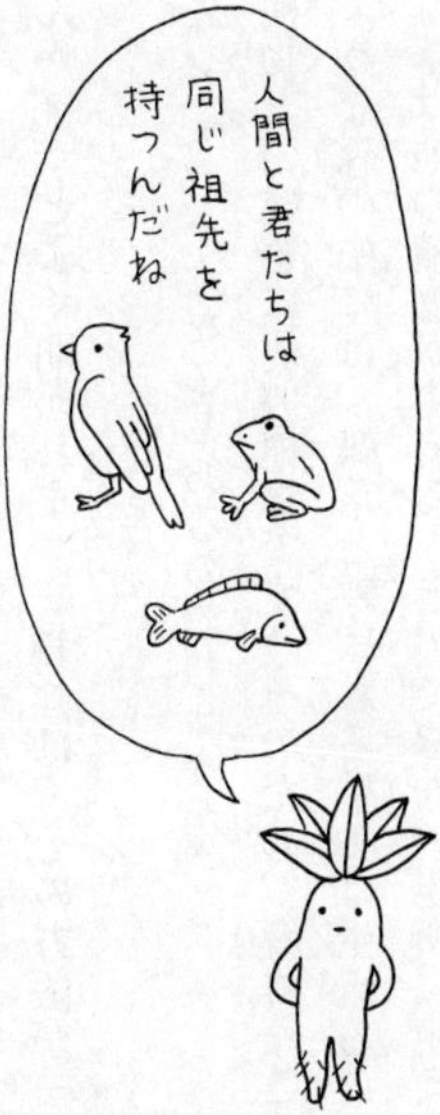
人間と君たちは
同じ祖先を
持つんだね

雑草は抜くほど増える

雑草はそもそも弱い植物

「雑草をなくす方法はありませんか？」とよく聞かれます。じつは、その方法が一つだけあります。

それは、「草取りをしないこと」です。そんなことあるのでしょうか。

雑草と呼ばれる植物は、他の植物との競争に弱い植物です。そのため、意外なことに植物がたくさん生えているような森の中には、雑草と呼ばれる植物は生えることができません。その代わり、雑草は他の植物が生えることのできない場所に生えています。それが、草取りが行われる庭や畑なのです。

草取りをやめれば、最初は雑草だらけになるかもしれませんが、次々に大きな植物が生えてきます。小さな雑草が生えていた庭には、だんだんと大きな雑草が生い茂るようになります。

そして、小さな灌木《かんぼく》が生えるやぶとなり、日当たりを好む木が生える林となり、そして深い森になっていきます。このような植生の移り変わりを「植生の遷移《せんい》」と言います。こうなれば、もう小さな雑草などは生えることができないのです。

もちろんこの場合は、庭や畑はうっそうとした森林になってしまいますから、現実的ではありません。しかし、そうなれば雑草と呼ばれる植物は生えることができないのです。

草刈りは根を再生させる

草取りという作業は、時計の針を巻き戻すように時とともに移り変わっていく遷移を止めて、植物のない最初の段階に戻す「遷移の初期化」の作業でもあるのです。

草取りが行われる環境は、植物にとって適した場所であるとは言えません。しかし、他の植物に競争で負けてしまう弱い存在である雑草は、あえて、この草取りが行われる環境に生えることを選びました。そして、草取りが行われる特殊な環境に適応して、特殊な進化を遂げた植物だけが、雑草としてはびこっているのです。

そんな雑草は、あろうことか草取りによって増えるという性質を持っています。

たとえば、草刈りをして、茎がちぎれちぎれに切断されてしまうと、ちぎれた断片の一つ一つが根を出して再生してしまう雑草があります。こうして、雑草は増えてしまうのです。

また、きれいに草取りをしたつもりでも、しばらくすると、一斉に雑草が芽を出してきます。雑草は小さな種子をたくさんつけるという特徴があります。そして地面の下では、膨大な雑草の種子が芽を出すチャンスを窺っているのです。これは「シードバンク」と呼ばれています。つまり、雑草が蓄えた種子の銀行なのです。

植物の種子は、暗いところで発芽する性質を持っているものが多くあります。しかし、雑草の種子は違います。雑草の種子は光が当たると芽を出すものが多いのです。

草取りをして、土がひっくり返されると、土の中に光が差し込みます。土の中に光が当たったということは、ライバルとなる他の雑草が取り除かれたという合図でもあります。そのため、地面の下で待ち構えていた雑草の種子は、チャンス到来とばかりに芽を出し始めるのです。こうして、きれいに草取りをしたと思っても、雑草は増えてしまうのです。

人類と雑草の戦い

草取りをされればされるほど、草取りに強い雑草が生き残ります。

環境に適応した生物が生き残って進化を遂げるのと同じように、雑草は、草取りに適応して進化を遂げてきました。そして、人間がおいしい野菜や美しい園芸用の花を選びだして品種改良してきたのと同じように、人間が草取りをし続けることによって、草取りに強い雑草が選びだされ、草取りに適応してきたのです。そう考えると、雑草もまた、人間が作りだした特殊な植物と言えます。

草刈りや草取りは、雑草を除去するための作業です。しかし、草取りの中で進化を遂げた雑草は、それを逆手に取って、増殖してしまうのです。だからといって草取りをしないわけにはいきません。人類は、こうやってもう一万年以上も雑草と戦い続けてきました。

漫画『ドラえもん』の中で、草取りを命じられたのび太君は、ドラえもんに「草むしりをする機械を出してくれ～」とお願いします。そのとき、ドラえもんは、こう言い放つのです。「そんなものないよ！」。タイムマシンやどこでもドアがある未来になっても、草むしりをしてくれる機械さえないのです。

除草剤で枯れないスーパー雑草

スーパー雑草の誕生

突然変異で、抗生物質や抗菌物質に耐性を持つ抵抗性の病原菌が発達してしまうことがあります。また、殺虫剤が効かない抵抗性ゴキブリも問題になっています。

このような薬剤抵抗性は、植物では発達しにくいと言われていました。世代の交代のスピードが速い菌や害虫の場合、突然変異の個体が出現すると一気に増殖します。しかし、植物のように年に一度か数度だけ花を咲かせて種子を残すようなスピードでは、突然変異の個体が出現しても、増殖する前に除草されてしまいます。また、除草剤が効かないという突然変異は、植物にとっては機能が正常でない可能性も高いため、生存力が弱く、他の雑草との競争に負けてしまうことも多いのです。

しかし現在、除草剤の効かない雑草が次々に出現して、世界中で問題となっています。それだけ、除草剤に依存しているということなのでしょう。人々があまりに除草剤に頼りすぎたため、雑草はその他の生存戦略を発達させなくても、除草剤にだけ対応すれば有利になることができたのです。

このように除草剤の効かない雑草は、「スーパー雑草（スーパーウィード）」と呼ばれています。

除草剤は、第二次世界大戦後に世界に普及しました。農業を行ううえで雑草は大敵でした。除草作業は、人々を苦しめる重労働だったのです。しかし、除草剤の登場によって、人々は雑草に困らされることは少なくなりました。除草剤は、人類にとって魔法の道具だったのです。

しかし今、除草剤が効かない怪物のようなミュータント（突然変異体）が、世界中で問題になっています。

アメリカ内のイタチごっこ

スーパー雑草が早くから問題となったのはアメリカでした。

作物も雑草も同じ植物ですから、雑草だけを枯らして作物を枯らさない薬剤を選びだすことは簡単ではありません。そこで、アメリカでは遺伝子組み換えによって、除草剤に抵抗性を持つ作物を作りだしました。そうすれば、作物が枯れることを気にする必要はないので、除草剤に用いる薬剤の選択が行いやすくなります。その結果、効果が高く、安全性の高い除草剤の使用が可能となるのです。

ところが、やがてどんな植物も枯らすはずだった除草剤が効かないスーパー雑草が出現して、蔓延《まんえん》し始めたのです。

アメリカでは、スーパー雑草を枯らすような新たな除草剤が次々に開発されました。しかし、やがてスーパー雑草は、新たに開発された除草剤に対しても、抵抗性を示すようになりました。新しい除草剤の開発と雑草の抵抗性の発達は、まさにイタチごっこなのです。

除草剤が使えなくなったので、最近では、除草剤を使わない昔ながらの方法も、再び研究されているほどです。人類の農耕の歴史は、雑草との戦いの歴史だったとも言われています。いつの時代も、人類と雑草は戦いを繰り広げてきました。それは科学が発達した二十一世紀になっても、何一つ変わっていません。

SF映画『インターステラー』では、異常気象により人類が滅亡の危機にさらされた近未来が描かれています。雨はまったく降らず、人々は襲い来る砂嵐に怯《おび》えながら暮らしています。その中で、農業を営む主人公は息子にこう言うのです。「今日は納屋で除草剤抵抗性雑草についてレクチャーするぞ」。

植物が枯れ果てるようなそんな未来になっても、人々はスーパー雑草と戦い続けているのです。まだまだ、人類と植物との戦いは果てしなく続きそうです。

バブル経済を引き起こした花

チューリップと家一軒が同じ値段

「みんなが持っているから買って」とおもちゃやゲームを親におねだりしたことはありませんか。みんなが持っているものを欲しがるのは、相当に恐ろしいことです。本当は、そんなに欲しいわけではないのに、みんなが持っていると欲しくなります。

みんなが欲しがると値段が上がっていきます。値段が上がると、本当は欲しくない人も、高く売ってお金もうけをするために買うようになります。するとますます値段が上がるのです。そして、その物の価値よりも、ずっとずっと値段が高くなっていきます。これがバブル経済です。

皆さんはチューリップの球根を買いますか？

いくらだったら球根を買いますか？

何と、十七世紀のオランダでは、中近東からもたらされたチューリップの人気が高まり、高価なものでは、球根一個で一般市民の年収の一〇倍もの値段がつけられるようになったと言います。そして、家一軒と同等の価値にまで高まり、球根たった一個を手に入れるために、家まで売り払ってしまう人もいたというから、恐ろしい話です。

球根が世界史を変えた

当時のオランダは海洋貿易に成功し、世界有数の経済大国となっていました。そのため、余ったお金で人々は球根を買い求めたのです。

しかし、所詮《しょせん》は花の球根です。どこまでも値段が上がり続けるということはありえません。あまりの高値に、多くの人々は球根が買えなくなってしまいました。そして、ついにバブルははじけ、人々が夢から醒《さ》めると、球根の価格は大暴落しました。そして、多くの人々は財産を失ったのです。こうしてオランダは富を失い、世界の経済の中心地はオランダからイギリスへと移っていったのです。植物の球根が、世界の勢力地図を塗り替えて、歴史まで変えてしまったのです。

◆ブロークン

チューリップバブルで、希少価値があるとされて特に高値で取引されたのが、「ブロークン」と呼ばれるしま模様の花を咲かせる珍しいチューリップでした。このチューリップは、アブラムシなどが媒介するウイルスによる感染でできた奇形種であることが現在では知られています。

こんな病気のチューリップに人々は熱狂し、バブル経済が引き起こされたのです。何という恐ろしいことでしょう。

バカな話と思うかもしれません。しかし、これは昔の話でしょうか。

価格という魔物

流行というのは、おかしなものです。

流行が終わると、どうしてあんなものが流行っていたのかと不思議に思うことが少なくありません。また、コレクターの間では、高い値段で取引をされるものもあります。興味のない人にとっては、どうしてこんなガラクタが高価なのかと思えるものもあります。物の価格は人間が決めていますが、じつは物の価格が人間の心を支配することもあり、魔物のような存在なのです。

植物も同じです。今でも珍しい植物は高く売られます。人間が人間のために作りだした園芸植物であれば、それもよいでしょう。

しかし、野生の植物でも同じことが起こります。今、地球が破壊されて多くの植物が絶滅に瀕《ひん》しています。数が減れば、その植物の値段は高くなるのです。そして、人々はそれを求めて抜き去ってしまいます。するとさらに数が減って、ますます価値が上がるのです。

環境破壊が進めば進むほど、盗掘すればするほど、その植物の価値が上がっていくのです。そうやって、これまでどれだけの動植物が絶滅してしまったことでしょう。人の欲というのは本当に恐ろしいものです。

Part Ⅱ

奇妙な植物

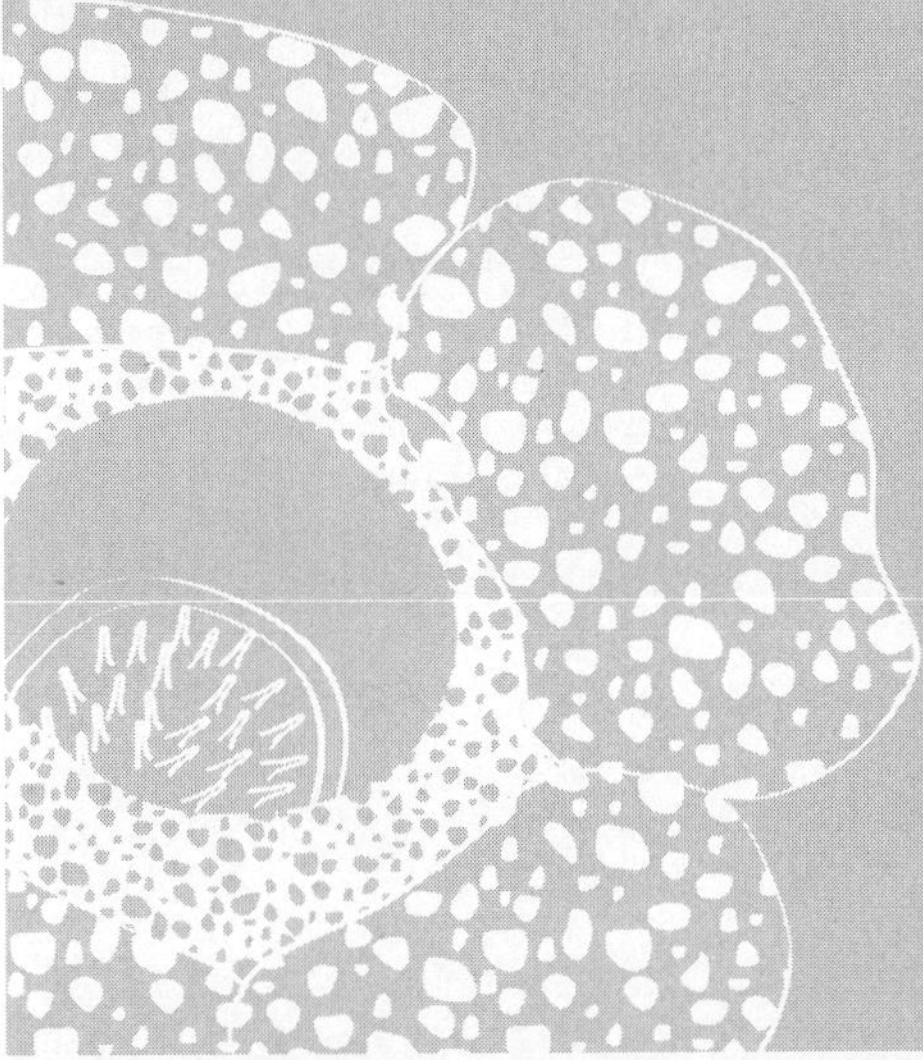

もし、あなたが虫だったら

危険に満ちた虫の世界

自然科学は想像力が必要です。

宇宙に行くことができなくても、宇宙の果てに思いを馳《は》せることはできます。タイムマシンはなくても、化石の断片から、恐竜の形を思い描くこともできます。

これが想像の力です。

それでは、こんな想像をしてみてください。

「もし、あなたが虫だったら……」

そんな想像をしてみると、今まで何でもなかった日常の風景が、何とも恐ろしいものになってくるかもしれません。

あなたは一匹の小さな虫です。

そんな想像をした瞬間から、あなたはさまざまな生き物から命を狙われることになります。物陰からトカゲが舌なめずりをして狙っています。葉陰に隠れてこちらが動く瞬間を狙っているのはカエルです。地上を離れてのんびりと飛んでいたらクモの巣に掛かってしまうかもしれません。上空から鳥が急降下してくるかもしれませんし、物陰に隠れていても、鳥が突然くちばしを突き刺して襲ってくるかもしれません。あなたの周りは恐ろしい怪物だらけです。

虫の気持ちになったとき、生き抜くとは、これほど大変なことなのだと思い知らされることでしょう。

その点、植物なら安心です。植物は動き回ることもなければ、襲ってくることもありません。何と平和的な生き物なのでしょう。

安心したあなたは、「ビーナスのまつ毛」にたとえられる美しい葉に止まって羽を休めます。

ハエ地獄

と、そのときです。突然、葉が閉じて、あなたは体を押さえ付けられました。こ

◆ハエトリソウ

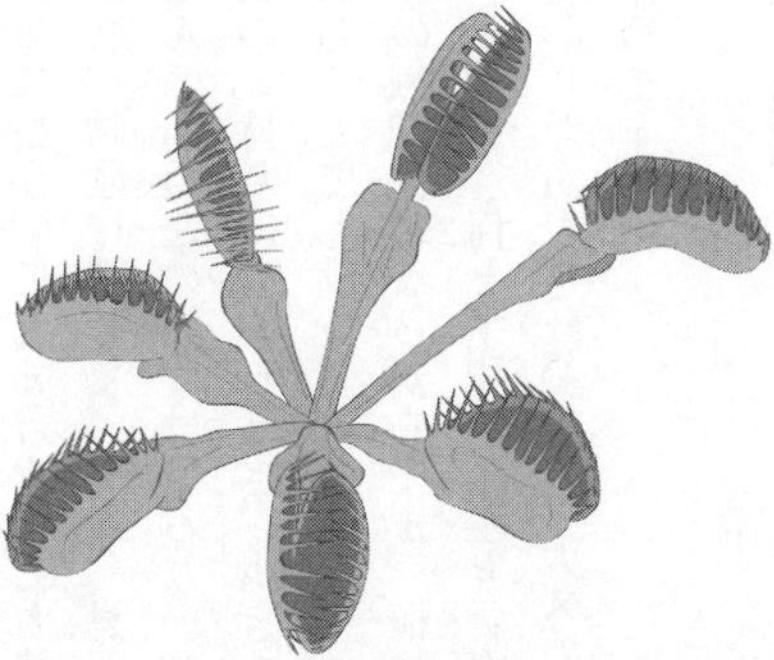

の間、わずか〇・五秒。しまったと思ったときは手遅れ。あなたはまったく身動きがとれなくなってしまったのです。

この植物の名は、ハエトリソウ。「ハエ地獄」の別名を持つ食虫植物です。二枚貝のように開いた葉を一瞬で閉じて、虫を捕らえます。葉の周りにあるビーナスのまつ毛にたとえられるものは、虫を逃さないためのものだったのです。ハエトリソウの別名は「ビーナス・フライトラップ」と言います。これは「女神のハエ獲り罠」という意味です。

葉の中には、センサーとなるトゲがついていて、これに触れるとスイッチが入って、葉が閉じる仕組みになっています。ただし、一回触っただけでは閉じることはありません。

それは雨粒などがセンサーに触れて誤作動することを防ぐためです。ハエトリソウにとって葉を動かすというのは、かなりのエネルギーを必要とします。ですから、葉を動かしたからには、獲物を捕らえなければならないのです。

そのためハエトリソウは、短い時間にセンサーに二回刺激があったときに初めて葉を閉じるような仕組みになっています。二回触れたということは、虫が動き回っている可能性が高いと言えます。また、葉の中心部にいるチャンスであると判断するのです。おそらく、虫であるあなたは不用意にセンサーに二回触れてしまったのでしょう。

食虫植物は虫を捕らえて栄養分にする植物ですが、ハエトリソウのように素早く動いて獲物を捕らえるものは他にはありません。ハエトリソウは、博物学者のダーウィンが「世界でもっとも不思議な植物」と呼んだ植物でもあります。どのようなメカニズムで一定時間を測り、その間の二回の刺激で葉を閉じるのかもわかっていません。謎の多い植物なのです。

ハエトリソウのセンサーはタンパク質を感知し、誤って虫以外のものを捕らえたときには、葉が開く仕組みになっています。しかし、捕らえたものが虫と知れば、もはや葉が開くことはありません。再び、葉が開くのは虫の栄養分をすべて消化吸収したときなのです。

失われゆく意識の中で……

もがいても、あがいてももがっちりと閉じた葉はびくともしません。それならば、いっそのこと一思いに殺してほしいと思うかもしれませんが、その願いさえ叶いません。キバのある大きな口が閉じて、獲物を食べたようにも見えますが、むしゃむしゃ嚙むことはありません。じっくりとじんわりと体が溶かされていくのです。こうして溶かされていく間、虫たちは意識を持ちながら、もがき続けるのです。

これまでの短い一生が走馬灯のように思い出されるかもしれません。そして、ついにその時が来ます。手足は力尽き、命の火が静かに消えていくのです。

ハエが……
こんな最後は
イヤだなあ……

人食い植物の伝説

アフリカのデビル・ツリー

世界には、人食い植物の伝説が言い伝えられています。

アフリカ大陸の東側に浮かぶマダガスカルは、独自の進化を遂げた固有の生物が多いことで知られています。このマダガスカルで言い伝えられているのが「デビル・ツリー」です。

食虫植物が香りで昆虫を呼び寄せるのと同様に、デビル・ツリーは催眠効果のある香りで人間を呼び寄せます。そして、つるでぐるぐる巻きにされて、捕らえられた人は、血を吸われて死んでしまうのです。一八八一年のアメリカの新聞によると、地元の部族の儀式では、生贄《いけにえ》となった女性が悲鳴とともにデビル・ツリーの餌《え》食《じき》になったという目撃例が報じられています。

また、中米のニカラグアには、原住民の間で「悪魔の罠」と恐れられている吸血植物があると言われています。動植物の研究者が、飼い犬の悲鳴を聞いて駆け付けたところ、真っ黒な木が網状のつるで犬を捕らえていたようです。やっと犬を助けたものの、犬は血まみれだったそうです。

果たして、こんな植物が存在するのでしょうか。

自然科学は、「ある」ことは証明できても、「ない」ことは証明できません。それが科学的証明の限界です。もしかするとジャングルの奥地には、このような植物があるのかもしれません。しかし、これらの植物はとても存在しそうには思えません。

未開の地が多かった昔は、探検家たちは未知の土地での見聞を誇張して報告しました。こうした話は、そうやって創作され、また、人づての噂として尾ひれがつけられていったのでしょう。

食虫植物の不思議

食虫植物の多くは、湿地に生息しています。空気に触れることのない湿地の土壌では有機物の分解が進みません。そのため、湿地の植物たちは栄養分を補うために、虫を捕らえて栄養分を得るようになったのです。

大型の食虫植物には、虫だけでなくカエルやネズミなどの動物が罠に掛かることもあります。しかし、犬や人を襲うとなると、多大なエネルギーを必要とします。そんなにエネルギーがあるのなら、そのエネルギーを使って茎や葉を伸ばしたほうがずっと合理的です。

仮に人食い植物が存在したとしても、「人を食う」という活動は、植物にとってほとんどメリットはないのです。

しかし、虫を捕らえる食虫植物の進化は相当に不思議です。

栄養分を得るためとはいえ、何がおとなしい植物たちを肉食に変えてしまったのでしょうか。本当に不思議です。

デビル・ツリー
どんな怖い
植物なんだろう

これが、仏の仕打ちなのか

腐った臭いで惹き付ける

マムシグサは「蝮草」と書きます。花の形が、ヘビが鎌首をもたげているように見えることから、そう名付けられました。マムシグサはサトイモ科の植物です。サトイモ科の植物は、どれも似たような花を咲かせます。

植物の花の多くは、ハチやアブなどを呼び寄せて花粉を運ばせます。ところが、サトイモ科の植物は、ハチやアブではなく、ハエを呼び寄せて花粉を運ばせます。サトイモ科の複雑な花は、ハエに花粉を運ばせるためのものなのです。

カラスビシャクは、マムシグサより小さい花が、カラスが使うくらいの柄杓《ひしゃく》にたとえて名付けられました。ハエは腐った臭いに惹き付けられるので、カラスビシャクは腐った肉のような臭いでハエをおびき寄せます。そして、臭いにつられたハエはカラスビシャクの花の中へと入っていくのです。花の中は外気より暖かくハエに

◆マムシグサ

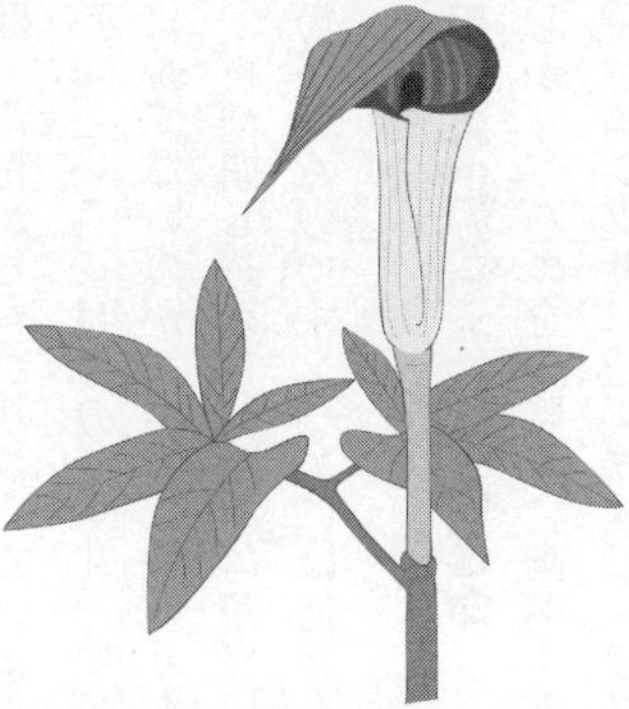

は快適です。しかも大好きな腐った肉の香りに満ちています。

ところが、恐ろしい罠が待ち受けています。花の中は魚を獲る罠の「返し」のような構造になっていて、一度入ると後戻りできないようになっているのです。しかし、臭いに魅せられたハエがそんなことに気がつくはずもありません。

花の内部は上のほうに雄花、下のほうに雌花がついています。最初は雌花が咲いています。このとき、花にはどこにも出口がありません。ハエが気がついたときは、もうすでに遅い。ハエは囚《とら》われの身となっているのです。まさに絶体絶命です。

しかし、絶望の中でハエがここで一生を終

えるのかとあきらめかけたとき、救いの手が差し伸べられます。何日か経って雄花が咲きだすと、一筋の光明が差し込みます。花の下のほうにかすかに隙間ができるのです。外界から差し込む光を頼りにもがきながら、かろうじて脱出したハエの体には、花粉がしっかりついています。

ハエというのは懲《こ》りない生き物です。これだけ痛い目に遭っても、腐った肉の臭いに勝てないのか、ハエは性懲りもなく別のカラスビシャクの花を訪れます。そして、再び閉じ込められたハエが出口を求めて暴れることによって、こんどは雌花に花粉がつくのです。ハエには何とも気の毒な受粉方法です。

用済みになったハエの運命

しかし、ハエを一時的に幽閉するだけのカラスビシャクの方法はかなり良心的です。マムシグサは違います。カラスビシャクが一つの花に雌花と雄花を持っているのに対し、マムシグサは、雄花を持つ雄株と雌花を持つ雌株とがそれぞれ独立しています。

幸いにして雄株を訪れたハエには、花粉を雌株に運ぶという役割が残っています。そのため、雄株にはカラスビシャクと同じように、わずかな出口が用意されているのです。そして、雄株を訪れたハエは、花粉まみれになりながらも、何とか逃げだすことができます。

ところが、雌株では、悲劇が待ち受けています。雌株に入ったハエは出口を求めて暴れながら、花粉を雌しべにつけます。これでマムシグサにとっての仕事は終わりました。そうなれば、花粉を運んできたハエに、もう用はありません。雌株には出口が用意されていないのです。わずかな出口を見つけた雄株での記憶があるとすれば、ハエは必死に出口を探すことでしょう。しかし、出口は見つかるはずもありません。閉じ込められたハエは雌株の花の中でただ死を待つだけです。

マムシグサは食虫植物ではありませんから、ハエから養分を吸い取るようなことはしません。雌株の花の中には、そんなハエたちの屍《しかばね》が残されるだけなのです。せめて、食虫植物のように、虫の命を粗末にせずに食べてあげれば浮かばれるものを。

こんなに恐ろしいのに、サトイモ科の植物の花は仏さまの背後の炎に似ていることから「仏炎苞《ぶつえんほう》」と呼ばれています。何という皮肉な呼び名なのでしょう。これではハエはとても成仏できそうにありません。

ジャングルの人食い花!?

巨大な赤い花

一八一八年のこと。イギリスの調査隊は、インドネシアのジャングルの奥地で、幻の巨大花を発見しました。

「人食い花だ」

調査隊の一行に動揺が走ります。

直径一メートルを超える巨大な赤い花は、人を飲み込むほどの大きな口をぱっくりと開けて、調査隊が近づくのを待ち構えている。その怪しげなようすは、まるで調査隊をあざ笑っているかのようです。

花の中からは人間の腐乱死体にも似た異臭がします。まさか花の中には、この人食い花の犠牲になった者の亡骸《なきがら》があるのでしょうか。

この花は、現在ではラフレシアと呼ばれています。ラフレシアは、世界最大の花

◆ラフレシア

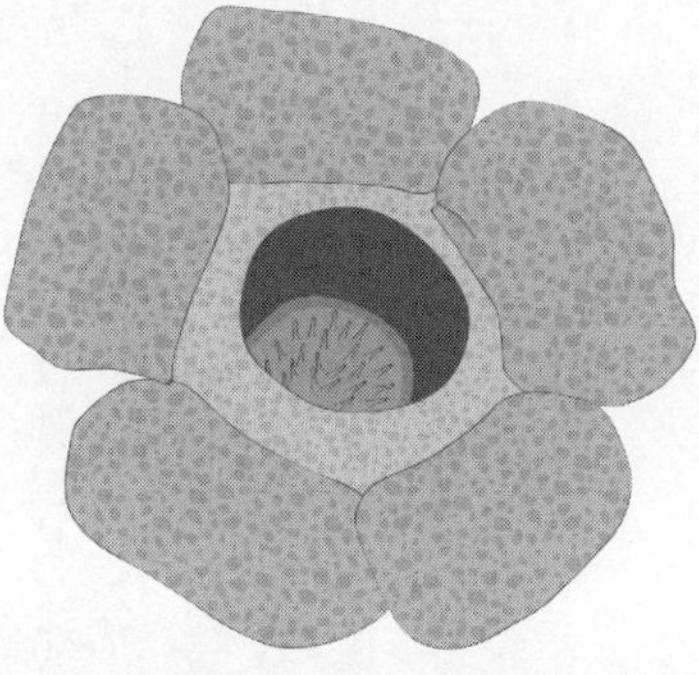

です。人食い花ではありませんが、そう間違えられたのも無理はありません。何しろ、茎も葉もありません。そして、地面の上に大きな花だけを咲かせているのです。

寄生するから大きく育つ

それにしても、茎も葉もなく花を咲かせることなど、できるのでしょうか。

じつは、ラフレシアは寄生植物で、ブドウ科植物の根に寄生して、栄養分を吸い取っています。そして、そこから直接、花を咲かせるのです。

植物にとってもっとも重要な器官は、種子を残すための花です。茎を伸ばし葉を広げて成長するのは、すべて花を咲かせるためです。そう考えると、ラフレシアは、余分な茎も葉もなく、花だけを咲かせる理想的な形と言えるかもしれません。

そればかりか、ラフレシアには、他の植物のようなしっかりとした根っこもありません。ラフレシアは細い管のような寄生根と呼ばれる器官をブドウ科植物の根に食い込ませています。自立しなくてもよいので、しっかりとした根は必要ありません。点滴管のような細い寄生根だけで十分なのです。

それにしても、世界一大きな花が自活しない寄生植物というのも、世の不条理を感じます。しかし、余分なものをそぎ落とし、茎も葉もない植物だからこそ、すべてのエネルギーを、花を咲かせることに振り向けることができます。こうして、ラフレシアは巨大な花を手に入れることができたのです。

こんな大きな花に
寄生されたら……

黄色い吸血鬼のパラサイト生活

アサガオの成長が早い理由

アサガオを観察して絵日記を書いたことがある人も少なくないでしょう。

アサガオの種子をまくと、まず双葉が出ます。そして本葉が一枚出ます。やがて、葉っぱを増やしながら、つるを伸ばしていきます。

しかし、これからが大変です。アサガオは次々に葉をつけながら、ぐんぐんつるを伸ばしていきます。日記をつけるのを少しでもサボれば、あっという間に大きくなってしまうのです。

アサガオの成長が早いのは、つる植物であるためです。

一般の植物は、自分の茎で立たなければならないので、茎を頑強にしながら成長していきます。しかし、つる植物は、他の植物に頼りながら伸びていくので、自分の力で立つ必要がありません。茎を丈夫にする必要がないので、その分のエネルギ

◆ネナシカズラ

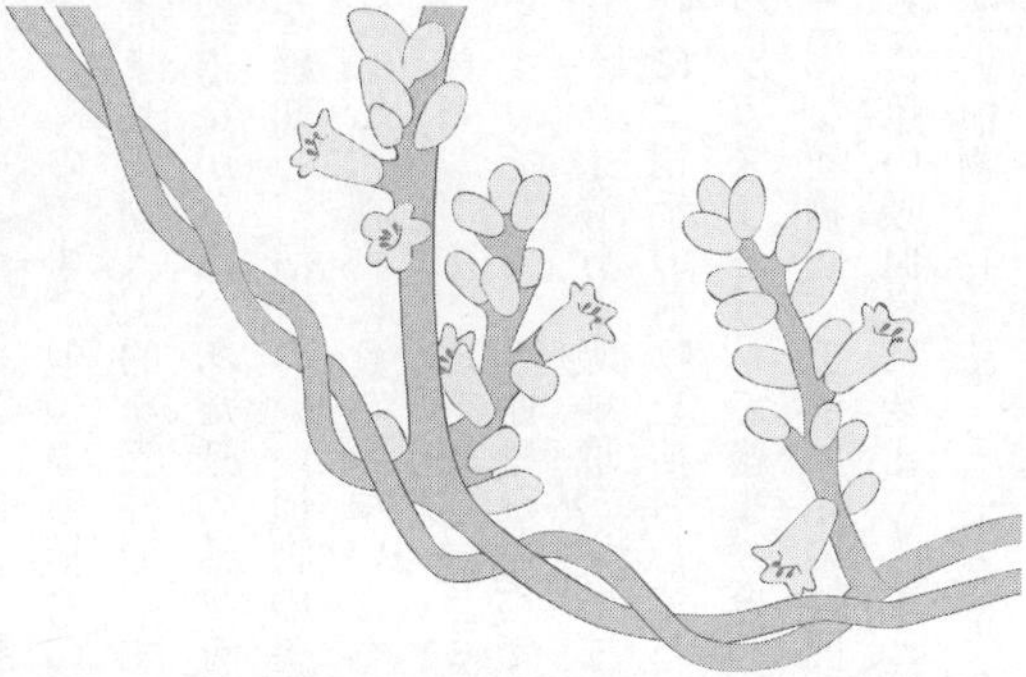

ーでどんどん伸びることができるのです。

黄色い吸血鬼

「他人に頼れば、苦労せずに早く大きくなれる」

このつる植物の戦略を、さらに進めたのが、寄生植物です。

ネナシカズラは、アサガオと同じヒルガオ科の植物です。ところが、ネナシカズラは、その名のとおり根がありません。また、光合成をするための葉緑素もないので、もやしのように軟弱な黄白色をしています。その姿から「黄色い吸血鬼」というあだ名がつけられているのです。

「根なし」とはいっても、種子から芽を出したばかりのネナシカズラは根を持っています。そして、獲物を求めて茎が地面を這《は》っていくのです。他のつる植物のように、どんなものでもよじ上るというわけにはいきません。人工的な支柱や、すでに弱った植物には見向きもしません。獲物を狙う蛇さながらに、あたりの植物を撫《な》で回しながら、植物から発せられる揮発性の物質を感知し、活きのいい植物の茎を選んで巻き付いていくのです。

そして、獲物に食らいついたネナシカズラは、もはや必要のなくなった根を消し去ります。次に、つるからキバのような寄生根を次々に出して獲物の体に食い込ませます。そして、吸血鬼がキバで生き血を吸うがごとく、がんじがらめにした獲物の体から栄養分を吸い取ってしまうのです。

時には相手の植物を枯らしてしまうこともあります。そして獲物がなくなると、ネナシカズラどうしで絡まり合って、共食いをしてしまうことさえあるのです。

こんな植物が、アサガオの仲間だとはとても想像がつきません。何がネナシカズラを黄色い吸血鬼に変えてしまったのでしょうか。

寄生植物として生きる道を選んだネナシカズラには、根も葉もありません。もし、寄生することができなければ、生存の道は残されていません。パラサイト生活というと気楽な感じもしますが、本当は命がけなのです。

絞め殺し植物の恐怖

ガジュマルのよからぬ企み

沖縄諸島に伝わる伝説の妖怪キジムナーは、ガジュマルの木に棲《す》んでいます。ガジュマルは、古くから神聖な木とされてきました。

ガジュマルは、たくさんの幹や根っこが絡みついた複雑な形になります。その隙間には、多くの生き物も棲みつき、さながら一つの森のようです。

東南アジアの古い遺跡では、建物を覆い尽くしていきます。有名なタイのアユタヤ遺跡では、仏像を覆ってガジュマルの木が茂っています。スタジオジブリの映画『天空の城ラピュタ』でも、巨大な木の枝や根が古い建物を覆っています。まさにそのモデルとなったのがガジュマルです。

しかし、精霊が棲むガジュマルも、他の木々にとっては恐ろしい植物です。

つる植物は、他の植物に巻き付いたり、寄り掛かったりしながら、上へ上へと伸

◆ガジュマル

びていきます。しかし、木々が生い茂る熱帯の森林で上へ上へと伸びていくのは大変です。そこでガジュマルの木は、逆転の発想でよからぬ企みを抱きました。

植物の種子は、鳥に食べられた果実といっしょに鳥の体内に入り、糞《ふん》といっしょに体外に排出されて散布されるものが多くあります。ガジュマルの木は、鳥の糞といっしょに木の枝に着床するのです。

地面に落ちなかった種子はピンチのようにも見えますが、これがガジュマルの計画でした。ガジュマルは木の上で芽を出し、木の上から地面に向けて根を伸ばしていくのです。

もちろん、土のない木の上に養分はありません。そのため、ガジュマルは、着床した木に寄生して、必要な養分を吸い取っていきます。
この姿は、他の寄生植物と何ら変わりません。

絞め殺し植物は元の木を枯らす

ガジュマルの根が木の幹を伝っていくようすは、ツタなどの他のつる植物と変わりなく見えます。しかし、他のつる植物が下から上へと茎を伸ばしているのに対して、ガジュマルは、上から下へと根を伸ばしていくのです。

やがて、根のうちの一本が地面にたどりついたとき、ガジュマルは恐ろしい殺人鬼に豹変《ひょうへん》します。根が地面について、土から栄養分を得るようになったガジュマルは、一気に成長を始めます。そして、木の幹に張り巡らされた細い根は、太く頑丈になり、ロープでがんじがらめにするかのように、木を包み込んでいくのです。そして、ついには元の木が見えなくなるくらいまで、覆い隠してしまうのです。

このような成長を示すつる植物は、「絞め殺し植物」と呼ばれています。

絞め殺し植物は、元の木を覆い尽くして、ついには枯らしてしまいます。実際には、元の木を絞め殺すわけではありませんが、太陽の光を遮り、枯らしてしまうようすが、あたかも絞め殺しているように見えるのです。

包み込んだ木が朽ちてなくなってしまっても、絞め殺し植物が倒れることはありません。その頃には太い根がしっかりと大地を捕らえ、自分の力で立つことができるようになっているのです。

巨木がひしめく森の中で、小さな種子から芽生えた植物が、自分の力で伸びることは簡単ではありません。ガジュマルなどの絞め殺し植物は、元の植物を乗っ取るという方法で、競争の厳しい森の中で生きているのです。

歩き回る木

どのようにして歩くのか

植物と動物の違いは何でしょうか。

植物が動かないのに対して、動物は動き回ることができるのが、違いの一つかもしれません。

童話やSF映画の世界では、動き回る木が登場することもあります。

主人公が夜の森に迷い込むと、木々たちの目が光り妖《あや》しく笑うシーンをよく見かけます。そして、木の怪物は、枝を腕に、根を足にして、夜の森を動き回るのです。

ところが、です。現実の世界でも、歩くことのできる植物があることが知られています。その名も「ウォーキングパーム（歩くヤシの木）」と呼ばれている植物です。

◆ソクラテア・エクソリザの根

学名は、「ソクラテア・エクソリザ」。ソクラテアは、歩きながら問答をしたとされる哲学者ソクラテスに由来しています。

ウォーキングパームは、中米から南米のジャングルの中で見ることができます。

それでは、ウォーキングパームは、どのようにして歩くのでしょうか。

ウォーキングパームは「支柱根」という根っこを無数に出して体を支えています。その姿は、まるでタコの足のようです。

光があるほうへ

ウォーキングパームは、光があるほうに幹を傾けて伸びていきます。すると、体を支えるように上る方向に新たな支柱根を伸ばしていくのです。

一方、伸びていく反対側の支柱根は役割を失い、やがてなくなっていきます。そうやって、どんどん光があるほうへと移動していくのです。

ジャングルの中では、光が当たる場所は一定ではありません。そのため、ウォーキングパームは光のある場所を求めて、ジャングルの中を歩き回るのです。

それでは、ウォーキングパームは、どれくらいの速度で歩くのでしょうか。

残念ながら、ウォーキングパームはスタスタと歩き回るわけではありません。

ウォーキングパームの移動距離は、平均すると一年間に一〇センチメートル前後とされています。こんなにわずかしか動かない植物に「ウォーキング」と名付けてしまうなんて……。本当に恐ろしい話です。

ソクラテスは
古代ギリシャの
哲学者だ
SOCRATES

ライオンを殺す草

南アフリカのつる植物

地上で最強の動物は何でしょうか。

百獣の王と言われるライオンは、その有力な候補となる動物の一つでしょう。ところが、このライオンを殺してしまう植物があるのです。どんなにどう猛な植物なのでしょう。

その植物は、名前を「ライオン殺し」と言います。「ライオンゴロシ」というのが、正式な標準和名です。英語では、「devil's claw（悪魔の鉤爪《かぎづめ》）」と言います。何と恐ろしい名前を持つ植物なのでしょうか。

ライオンゴロシは、南アフリカに自生するつる植物です。かわいらしいピンク色の花は、ライオンゴロシという恐ろしい名前には似つかわしくないような気もします。このつる植物が、どのようにして百獣の王のライオンを殺してしまうというの

◆ライオンゴロシの実

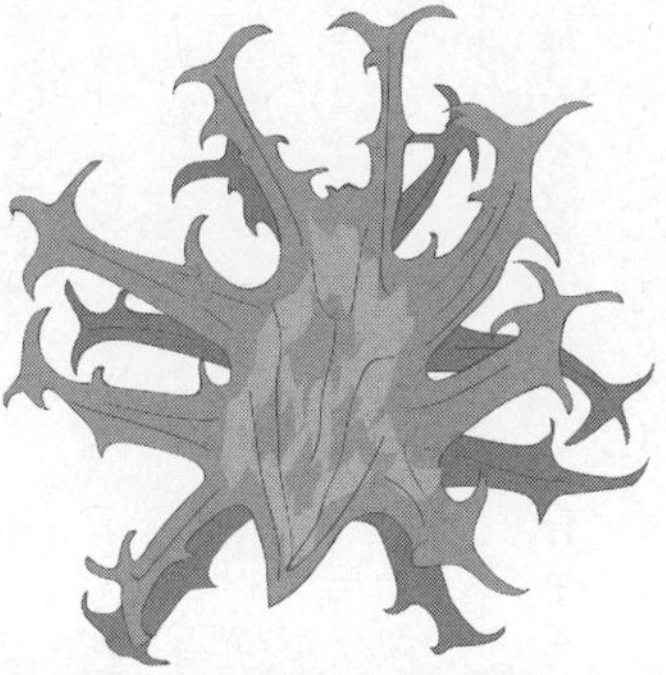

でしょうか。

秋の野原に出掛けると、「ひっつき虫」と呼ばれるさまざまな植物の種子が、衣服にくっついてきます。こうして、人間や動物に付着して種子を移動させて、分布を広げるのです。

ライオンゴロシも「ひっつき虫」と同じです。ただし、ライオンゴロシの実は、恐ろしく巨大で鋭いトゲを持っています。このトゲで動物に刺さるのです。このトゲは返しがついているので、一度刺さると、なかなか抜くことはできません。

傷が化膿して衰弱

ライオンがライオンゴロシの実を踏むと足

にくっつきます。そして、足についた実を外そうと口で嚙んで引っ張ります。すると、今度は口にライオンゴロシの実がついてしまうのです。そうなると大変です。ライオンゴロシの実は取ることができず、もがけばもがくほど食い込んで、傷が化《か》膿《のう》していきます。

ライオンは獲物をとることも食べることもできず、傷の痛さにもがきながら、やがて衰弱して死んでしまうのです。そして、衰弱死したライオンの死体の傍らから、ライオンゴロシは芽を出すと言われています。まさに、悪魔の鉤爪と呼ばれるにふさわしい残酷さです。

もっとも、一つの実を散布するたびに、ライオンを一頭ずつ殺していたのでは、ライオンも絶滅してしまいますし、動物たちを滅ぼしてしまえばライオンゴロシも、種子を散布できなくなります。おそらくは、ライオンが死んでしまうこともある、ということなのでしょう。

それにしても世の中には恐ろしい植物があったものです。

百獣の王を
殺すなんて
凄い……!!

美しき悪魔

数週間で池全体を埋め尽くす

新聞紙を一〇〇回折ると、どれくらいの厚さになると思いますか？

新聞紙の厚さを〇・一ミリメートルとして計算してみましょう。

一回折ると、〇・二ミリメートルになります。二回折るとその倍の〇・四ミリメートルになります。三回折るとその倍の〇・八ミリメートルになります。こうして一〇回折ると二の一〇乗で一〇二四倍になります。つまり〇・一ミリメートルの約一〇〇〇倍の一〇センチメートルです。

一四回折ると一メートルを超えます。二四回折ると一キロメートルを超えます。

そして、五一回折ると、地球から太陽までの距離を超えます。こうして、一〇〇回折ると、驚くことに全宇宙の大きさよりも長い距離の厚さになってしまうのです。

もちろん、新聞紙を一〇〇回折るということは、できません。しかし、倍々に増

◆ホテイアオイ

えていくということは、これくらい恐ろしいことなのです。
　夏になると、池や水路一面に紫色の美しい花を咲かせるホテイアオイは、英語では、ウォーター・ヒヤシンスと呼ばれています。しかし、ホテイアオイは、別名を「ビューティフル・デビル（美しき悪魔）」と言います。どうして、こんなに美しい水草が、悪魔と呼ばれているのでしょうか。
　水に浮かぶホテイアオイは、一週間で株が増えて、二倍になります。さらに一週間経つと、また株が増えて、四倍になります。そして、また一週間経つと……と倍々に増えていくのです。池の半分を覆い尽くしたホテイアオイは、わずか一週間で池全体を埋め尽くします。まさに、あっという間の出来事です。

ホテイアオイは腐海の植物!?

ホテイアオイが覆った池では、水の中に光が届かなくなってしまいます。そして、魚や水生生物が棲めないような、死の池になってしまうのです。また、蔓延したホテイアオイが船の往来を妨げたり、水の流れを堰《せ》きとめるという被害も起こります。

ホテイアオイには「一〇〇万ドルの雑草」というあだ名もあります。けっして美しいからではありません。その駆除には億単位の費用が掛かると言われているのです。ホテイアオイは、南米原産ですが、今や世界中に広がり、世界各地で猛威を振るっています。

ところが、不思議なことがあります。

このホテイアオイを水のきれいな池に入れても、いっこうに大きくならないのです。それどころか知らぬ間に絶えてなくなってしまうことさえあります。

じつは、汚れた水こそがホテイアオイの増殖の栄養源になっているのです。生活排水や工業排水の流れ込んだ水は、窒素やリンなどの栄養分が豊富なので、ホテイアオイは異常繁殖をするのです。ホテイアオイを悪魔にしていたのは、人間だったのです。

スタジオジブリの映画『風の谷のナウシカ』で、文明社会崩壊後の未来に生きる人々は毒を出す腐海《ふかい》の森の植物に苦しめられます。しかし、主人公のナウシカは、腐海の植物は人類が汚してしまった大地の毒を自らの体内に取り込み、土と水を浄化するために誕生したことを知るのです。ナウシカは問いかけます。

「なぜ、誰が、世界をこんなふうにしてしまったのでしょう」

ホテイアオイの花の中央部の模様は、ナウシカのまとう伝説の青い衣に描かれた模様にどこか似ているような気がします。もしかすると、ホテイアオイは、ナウシカと同じ言葉を人類に問うているのかもしれません。

植物は逆立ちした人間である

奇妙な生物を想像する

地球ではありえないような宇宙生物を想像して描いてみてください。そう言われたら、どんな怪物を描くでしょうか。

巨大な頭の生物でしょうか。目が四つもあるような生物でしょうか。手足が何本もあるような生物でしょうか。目や口はなく、無数の触角だけで襲いかかってくる生物でしょうか。何をエサにして生きているのでしょうか。

ありえないような生き物を考えても、地球で進化した生き物の範囲をなかなか超えることはできません。昆虫の多くは目が四つか五つありますし、クモの目は六つです。タコやムカデは足が何本もありますし、クラゲは触角だけで獲物を捕らえます。

それでは、こんな生き物を想像してみたらどうでしょうか。人間とはまったく逆の生き物です。

人間の頭は体の最上部にあります。そして、顔にある口から栄養を得ているのです。ところが、その生き物は逆です。その生き物は口が下にあります。しかし獲物を獲るようなことはしません。そして、頭を地面の下につっこんで土の中から栄養を得ているのです。さらに奇妙なことに、その生き物は体の上から分身を作りだします。つまり、人間の上半身が下半身にあり、下半身が上半身にあるのです。何という奇妙な化け物なのでしょうか。

　考えてみてください。この生き物が、「植物」です。ギリシャの哲学者アリストテレスは「植物は逆立ちした人間である」と言いました。人間が栄養を摂《と》る口は上半身にありますが、植物が栄養を摂る根は下半身にあります。そして植物は生殖器官である花が上半身にあり、人間は生殖器官が下半身にあるのです。

　考えてみれば、植物は、ずいぶんと不思議な生き物です。しかし、植物と人間とでは、圧倒的に数が多いのは植物です。私たちの周りには無数の植物があります。そんな植物たちに言わせてみれば「人間は逆立ちした植物」です。

「人間とは何と、奇妙な生物なのだろう」と植物は思っているに違いありません。ふだん何気なく見ているものも、よくよく見ると不思議に見えてくるのです。

植物に感情はあるか？

植物の気持ち

植物には、人間と同じような感情はあるのでしょうか。

これは難しい問題です。植物の立場になってみないと、それはなかなかわかりません。すべての生き物は外界の環境を感じて、それに対応しながら生きています。

たとえば、植物も光を感じて、光のほうに茎を伸ばして葉を広げます。しかし、人間のように「明るい」と感じたり「まぶしい」と感じるわけではありません。

人間の目は光の情報を電気信号に変換して脳に伝えます。この信号をキャッチした脳は、「まぶしい」と認識するのです。人間は目がないと光を感じることはできません。目隠しされれば、手足が光を受けても明るさを感じることはできないのです。

人間の感情もまた、脳が作りだすものです。人間は外界の刺激を電気信号に変えて、脳に集中させて、情報を処理します。そういう仕組みに進化してきたのです。感情も、そのような脳の働きの中で生まれると考えられています。

人間がそうだからといって、他の生物もそうに違いないと思うのは、正しくありません。ミジンコもクラゲも、ミミズも、そして植物も、外界の環境条件を感じながら生きています。しかし、その仕組みは人間とは異なるのです。

植物がどのような気持ちなのかは、植物でなければわかりませんが、それは人間の持つ感覚や感情とはまったく別のものであることは明らかです。

植物とウソ発見器

有名な実験があります。

ウソ発見器の専門家である研究者が、植物がウソ発見器に対してどのような反応を示すかを試してみました。すると、驚くようなことがわかったのです。

ドラセナという植物をウソ発見器につないで、熱いコーヒーに浸したところ、変化は見られませんでした。つまり熱には反応しなかったのです。

ところが不思議なことが起こりました。マッチで葉を燃やそうと思った瞬間、ウ

◆ドラセナ

ソ発見器が激しく動いたのです。しかも、マッチに火をつけなくても、燃やそうとマッチを手にしただけで、ウソ発見器は動きを見せました。

さらに、燃やそうというふりをしただけでは、ウソ発見器に反応はなく、本当に燃やそうとしたときにだけ、ウソ発見器は動きを見せたのです。驚くことに、植物は、人間の殺意を察して動揺したのです。

ウソ発見器の種類を変えても、植物の種類を変えても、同じような結果が得られました。このことから、植物は人間の感情を読むことができると結論づけられたのです。

それだけではありません。

植物の目の前で、別の植物を踏み潰すのを

見せてから実験をすると、植物を踏み潰した殺害者が近づいたときにだけ、植物は恐怖を感じてウソ発見器が動くというのです。このことから、植物は、人物を認識し記憶することができることがわかったのです。

植物には、本当に人間と同じような感情があるのでしょうか？

科学は時にウソをつく

現在では、この実験結果は誤りであったことが指摘されています。

もちろん、実験をした人は、故意にデータをねつ造したわけではありません。しかし、ウソ発見器を植物につないだときの反応は不安定です。

科学では仮説を立てて検証します。「植物には感情がある」が、この実験の仮説です。しかし、「植物には感情があるに違いない」とあまりに決め付けてしまうと、どんなデータもそうであるかのように見えてしまうのです。

もしかすると、ウソ発見器は動いたり、動かなかったりしたのかもしれません。しかし、動くはずだという思い込みがあると、動かなかったときには、実験がうまくいっていないのだと思って、やり直してみたり、実験の方法を変えてみたりしてしまいます。

こうして、たまたま動かなかった時のデータは除かれて、たまたま動いた時のデータだけが蓄積されていったのかもしれません。こうした思い込みによって、データは誤った解釈がされて、誤った結論づけがなされてしまう危険が、科学には常にあります。

植物と人間とはまったく違う仕組みで生きています。そのため、「植物に感情がある」というのは、多くの人が信じない仮説でした。しかし、科学の世界では、往々にしてこのようなことが起こります。そして、それがもっともらしい仮説だと、多くの人が信じてしまうことも起こるのです。

科学は、時々ウソをつきます。

人間は感情のある生き物です。人間の思考や感情が不確かなように、人間が行う科学的な検証が常に正しいとは限りません。

人間は感情のある生き物です。科学にとっては人間の「思い込み」が、一番怖いのです。

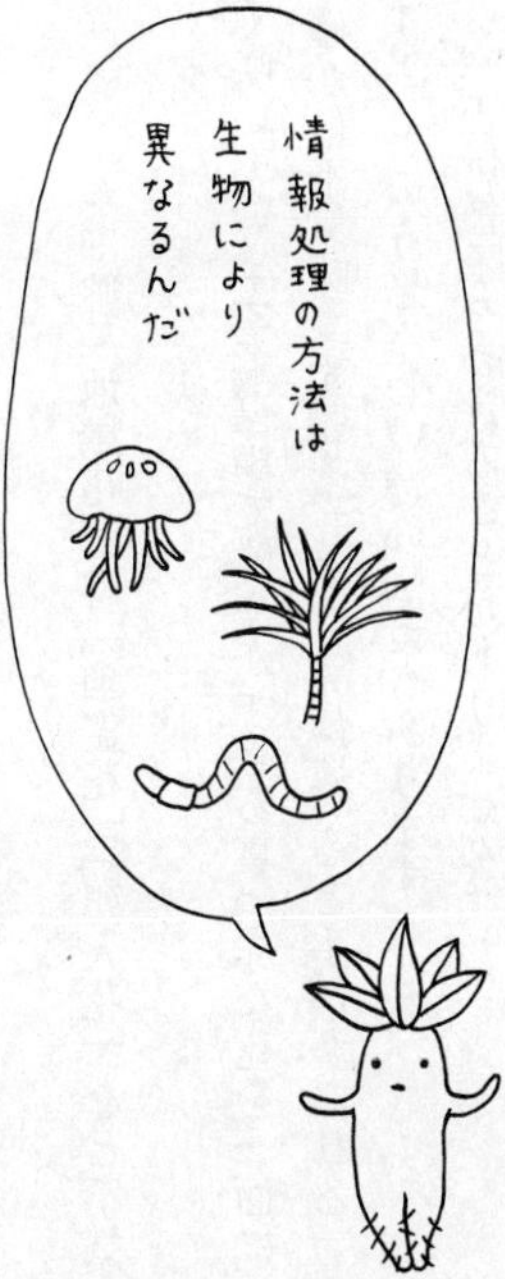
情報処理の方法は
生物により
異なるんだ

墓場に咲く花の理由

死人花の毒

秋の彼岸の頃に咲くヒガンバナには、「地獄花」や「幽霊花」「死人《しびと》花」など不気味な別名があります。

ヒガンバナは墓場によく咲いています。墓場で鮮やかすぎる真っ赤な花を一面に咲かせるヒガンバナは、確かに不気味です。そして、「花に触ると手がかぶれる」「花を採ると家が火事になる」という恐ろしい言い伝えもあります。

不思議なことに、ヒガンバナは種子をつけることがありません。

一般の植物は、染色体のまとまりが二組ある二倍体です。ところが、ヒガンバナは三組ある三倍体なのです。植物が種子を作るためにはオスの花粉と種子のもとになるメスの胚珠を作るために、染色体のまとまりを二分する必要があります。ところが、三倍体は染色体のまとまりの数が奇数なので、正常に種子を作ることができ

◆ヒガンバナ

ないのです。ヒガンバナは球根で増えますが、球根は遠くまで移動することができません。ということは、墓場に咲いているヒガンバナは誰かが植えたものなのです。いったい、誰がヒガンバナを植えたのでしょうか。

ヒガンバナは球根に毒があります。この毒が遺体を食い荒らすネズミや盛り土に穴を空けてしまうモグラを寄せ付けない効果があると言われています。そのため、墓を守るためにヒガンバナを植えたのです。

それだけではありません。江戸時代に津波から避難するために土を盛って作られた命山《いのちやま》にヒガンバナがたくさん生えていることがあります。ヒガンバナの球根には毒がありますが、水にさらして毒を抜くと豊富なでんぷんを得ることができます。そのため、飢饉や天災など、いざという時の食料にするために、植えられたのです。

誰かが植えたヒガンバナ

墓地は洪水に遭っても大丈夫なように、高台や盛り土の上など安全な場所に作られています。そして、災害時には避難場所となる墓地にヒガンバナを植えたのかもしれません。

ヒガンバナは中国が原産ですが、不思議なことに中国には種子をつける二倍体のヒガンバナがあります。染色体の数が多い三倍体のヒガンバナは、二倍体よりも植物体が大きくなる特徴があります。さらに、三倍体のヒガンバナは種子をつけない分だけ、球根が大きく育ちます。

日本に三倍体のヒガンバナが分布しているのは、縄文時代後期に食料にするために、日本に持ち込まれたからであると考えられています。そして、長い時代を経て人々は各地にヒガンバナを植えていきました。ヒガンバナが、田んぼの畦《あぜ》や川の土手など、人が暮らす場所の近くで花を咲かせているのは、そのためです。

現在、各地に見られるヒガンバナは、元をたどれば、すべて長い日本の歴史の中で誰かが植えたものなのです。

昔の人たちにとってヒガンバナは大切な食料でした。そんな大切な花にいたずらされないように、「あの花には毒がある」「あれは不吉な花だから採ってはいけない」、と子どもたちを戒《いまし》めて遠ざけたのです。それが、世代を経るうちに不吉なイメージだけが残ったのかもしれません。

ヒガンバナは本当に謎めいた花です。

動物を生みだす木

羊が成る木の正体

中世のヨーロッパでのことです。

人々の衣服は動物の毛皮や毛から作られた毛織物でした。アンゴラヤギから作られた「モヘヤ」やカシミアヤギから作られた「カシミア」、ラクダの「キャメル」、アルパカの「アルパカ」、アンゴラウサギの「アンゴラ」などが、その代表的なものです。

中でもフワフワで暖かな羊の毛「ウール」は人気の高いものでした。いずれにしても繊維というのは、動物から得られるものだったのです。

ところが、遠い異国のインドでは、羊の毛のような繊維が植物から採れるというのです。いったい、どのような植物なのでしょうか。ヨーロッパの人々は、それは羊が成る木なのだと考え、不思議な植物の姿を想像しました。

◆ヨーロッパの人が想像したワタ

上の図の植物は、「子羊が空腹になると枝が屈《かが》んで草を食《は》むことができる」と説明されています。この植物はワタのことです。

ワタと産業革命

ワタの実は、種子をやわらかな繊維で包んでいます。この繊維がコットンです。ワタ栽培の綿織物業は、インダス文明の頃から行われていたインドの主要な産業でした。ところが、インドが英国の植民地になると、品質の良いインドの綿布が英国で大流行をするようになります。

英国の毛織物業者が打撃を受けるようになると、英国はインドからの綿布の輸入を禁止し、植民地であるインドに材料のワタのみの栽培を行わせます。そして、大量の綿織物を作るために、英国では蒸気機関の発明による産業革命が起こるのです。

産業革命で織物産業が機械化されても、ワタの収穫は手作業です。

ワタの収穫は大変です。種子を包む繊維はやわらかいですが、ワタの実は種子を守るためにトゲがあります。その実を摘《つ》んでいく作業は重労働なのです。植民地となったインドの人々は、大量生産される綿織物のために、大量のワタを栽培しなければならなくなったのです。

やがてインドが英国から独立します。すると、英国は当時、植民地であったアメリカでワタ栽培を始めます。しかし、移住者によって作られたアメリカでは労働力が足りません。そこで、ワタを栽培するために、アフリカからたくさんの黒人奴隷たちがアメリカに運ばれていったのです。

ワタは暖かくやわらかいですが、その歴史は暗く悲しいのです。

ワタがインドの
産業を変えた

幽霊は柳の下に現れる

家の敷地に植えるのはタブー

草木も眠る丑《うし》三つ時、帰りの遅くなった男が薄暗い提灯《ちょうちん》の灯りで暗闇の中を歩いていると、どこからか生暖かい風が漂《ただよ》ってきて、スーッと首筋を冷たく濡れた指が触れる。振り向くと「うらめしや〜」と浮かび上がったのは、白装束《しょうぞく》の女の幽霊。「出たー」と提灯を投げ捨てて、男は逃げだす。

怪談でおなじみの場面。昔は幽霊は柳の木の下に出るものと決まっていました。

これには理由があります。

昔、風の強い日に、柳の枝が女性の首に巻き付いて、その女性は死んでしまいました。それからというもの、柳の木の下には幽霊が出るという伝説があるのです。

いやいや、これでは植物学的ではありませんね。

柳は春一番に芽吹くことから、生命力にあふれ、春を招くめでたい木とされていました。そして、これから稲作が始まる「田の神」が宿るとされていたのです。

柳は成長が早いので、家の庭に植えると邪魔になります。また、柳は湿った場所を好むため、柳の木で陰になり、家の敷地が湿った状態になると病原菌などが繁殖しやすくなります。そのため、家の敷地に柳の木を植えるのはタブーとされていたのです。

タブーを守らせるために、人々を脅すことがあります。そこで、家に柳を植えると、幽霊が出ると言われるようになったのです。柳は神が宿る霊木ということも影響したのかもしれません。また、水辺に生える柳の木は、古くからあの世とこの世の境界に立つとも考えられていました。そして、妖艶なイメージのある柳の木は、幽霊の出る木となったのです。

生暖かい風の正体

しかし、その柳がたくさん植えられた場所がありました。昔の江戸です。そういえば、時代劇などを見ても、掘割の道に柳の木が植えられている印象があります。江戸の町の多くは海や低湿地を埋め立てて作られました。そのため、湿った場所でもよく育つ柳は街路樹として適していたのです。幽霊が出るときに吹く「生暖かい風」は、そこが湿った場所だったからなのでしょう。

また、街路樹にするには、成長が早いという性質も必要です。柳はすぐに大きくなるので、古くから街路樹として用いられていたのです。そしておそらくは、大きく垂れ下がる柳の枝が、酔っ払って歩く男の首筋をそっと撫でたのです。

柳の枝と幽霊の手は
シルエットが似ているね

「白鳥の王子」の真実

魔術が解ける植物

アンデルセン童話に「白鳥の王子」というお話があります。

昔、お城で幸せに暮らしていた一一人の王子と末娘の姫エリーザは、亡くなった母親の代わりにやってきた妃《きさき》によって城を追い出され、王子たちは昼は白鳥、夜は人間に戻るという呪いを掛けられます。新しい妃は魔女だったのです。

苦労の末、白鳥になった兄たちと再会したエリーザは、墓場に生えるイラクサを素手で摘んで、裸足《はだし》で踏み潰し、それを糸にしてシャツを作り兄に着せれば、魔術が解けると教わります。そして、シャツを作り終えるまでは、口を利いてはならないと言われるのです。

エリーザはさっそく取り掛かりますが、通りかかった若い王が美しい彼女を見つけて、宮殿へと連れ帰ります。そして、結婚をするのです。

結婚をした後も、エリーザは口を利かずに、せっせとシャツを作り続けます。そして、イラクサが足りなくなると、魔物の棲む墓場へとイラクサを取りに行ったのです。ところが、その姿を大僧正が見ていました。大僧正は、エリーザは魔女であると告げて、火あぶりの刑が決まります。しかし、エリーザは牢屋でもシャツを作り続けました。そして、今まさに刑が執行されようというそのとき、空から一羽の白鳥がやってきます。そして、エリーザがシャツを白鳥に投げた途端、白鳥は王子たちへと姿を変えて、エリーザが無実であることを王に告げるのです。

何度も何度も訪れる苦難。エリーザはそのたびに「私は魔女ではありません」、そう叫びたかったことでしょう。「兄たちを救うために墓場に行ったのです」と告げたかったことでしょう。

しかし、エリーザの困難はそれだけではありませんでした。イラクサは、イラクサ科の植物で、カラムシによく似ています。カラムシは、「苧麻《ちょま》」とも呼ばれ、繊維を取るための植物です。そして、衣服や網などの材料となったのです。

イラクサは、カラムシとよく似ていますが、大きく違う点があります。イラクサは漢字では「刺草」と書きます。つまり、無数のトゲが生えているのです。イラクサはトゲが痛いことから、魔術を解く植物として知られていました。

袋から毒を注入する

トゲが生えているというと、野バラのようなトゲを思い浮かべるかもしれません。実際に童話の絵本でも、バラのようなトゲのある植物を編んでいる挿絵も見られます。それもずいぶんと痛そうですが、イラクサは違います。

イラクサのトゲは、もっと細かいのです。細かいから痛くないような気もしますが、イラクサが持っているのは、ただのトゲではありません。毒針なのです。トゲの根元には毒を含んだ小さな袋が備えられています。そしてトゲが皮膚に刺さると、トゲの先端が外れて、注射針のように傷口に毒を注入するのです。

ただ刺すだけでなく、袋から毒を注入するという高度な仕組みは、スズメバチの毒針やマムシのキバとまったく同じです。イラクサは植物でありながら、生物界で最高レベルの防御システムを持っているのです。

野生動物もこのイラクサだけは、食べるどころか近寄ることさえできません。もちろん人間にも害があり、トゲに刺されると赤く腫れ上がってしまいます。カラムシを「苧麻」と言うのに対して、イラクサは「蕁麻《じんま》」と言います。この蕁麻による症状が「蕁麻疹《じんましん》」の語源になりました。そして、イラクサのトゲが刺さった状態が「イライラする」という言葉になったのです。

このイラクサを素手で摘んで、裸足で踏むことに耐えるなど、とても常人にはできません。どれほど痛く、どれほどつらかったことでしょう。

「草は火のように熱く、エリーザの腕をも手首をも、やけどするほどひどく刺しました」とアンデルセン童話には書かれています。

しかし、つらく痛かったとはいえ、イラクサを素手で触りながらも、肌も腫れ上がることなく、王に愛されるほど美しかったというのも不思議です。どうしてイラクサの症状が出なかったのでしょうか。本当に常人ではなかったのでしょうか。

大僧正が言ったとおり、エリーザは魔女だったのかもしれません。そうだとするとエリーザを城に迎えた王は、本当に幸せに暮らすことはできたのでしょうか。何だか心配です。

不幸のクローバー

「四つ葉」になるのはなぜ？

シロツメクサは、誰からも愛される植物です。

シロツメクサは三つ葉ですが、時々四つ葉のものが見つかります。これが幸せのシンボルとして有名な「四つ葉のクローバー」です。

これは、アイルランドの聖人セント・パトリックがクローバーの三つ葉を、キリスト教の教えである愛・希望・信仰の三位一体《さんみいったい》にたとえて、四枚目を幸福と説いたことに由来しているとされています。

そのため、シロツメクサの花言葉は「幸福」なのです。何という素敵な花言葉なのでしょう。

この四つ葉のクローバーが現れるには、遺伝による先天的な要因と環境による後天的な要因とがあります。後天的な要因の一つは、生長点が傷つけられることにあ

◆四つ葉のクローバー

ります。そのため、踏みつけられた刺激によって四つ葉が生じることもあります。四つ葉のクローバーが、道ばたや運動場などよく踏まれるところで見つかりやすいのは、そのためです。幸せは踏まれて育つことを、四つ葉のクローバーは語りかけてくれているのかもしれません。

シロツメクサは子どもたちにも人気です。原っぱに座り込んで、クローバーの花の首飾りや冠を作って遊んだ思い出を持つ女性も多いことでしょう。

幼い女の子たちは、幸福を願ってシロツメクサを編みました。そして、大好きな男の子に、花の首飾りや冠をあげたのです。そのため、シロツメクサには「私のものになって」

や「忘れないで」という花言葉もあります。何とも微笑ましい光景です。

隠された花言葉

もちろん、幼い日のたわいもない約束です。あどけない日の遠い記憶を持ちながら、幼い男の子は少年となり、たくましく大きくなっていきます。そして幼い女の子もまた、少女となり、美しく成長していくのです。大人への階段を上る中で、好きな人もできることでしょう。恋愛もすることでしょう。そして、子どもたちは大人になっていくのです。

ところが、です。幼い女の子が、ずっと男の子のことを思い続けていたとしたら、どうでしょう。あの日の約束を一日たりとも忘れることなく信じ続けていたとしたら、どうでしょう。そして、幼い日の恋の約束が成就されなかったとき、どうなるのでしょうか。

「かわいさ余って憎さ百倍」という諺があります。

愛情と憎悪は紙一重です。恋に破れた恨み、他の女性と結ばれた男の子への嫉妬。愛情が深ければ深いだけ、その恨みも大きくなります。

シロツメクサには、もう一つ花言葉があります。それが「復讐《ふくしゅう》」なのです。「幸福」を願って贈った花冠、「私を忘れないで」という約束。そして、行き着いた最後の花言葉が「復讐」なのです。

いったい、男の子と女の子にはどんな未来が待っているのでしょうか。何だかゾッとします。

天変地異がやってくる

竹林全体に花が咲く

「タケに花が咲くと枯れる」と言われます。

タケは、めったに花を咲かせることがありません。一説にはタケは六十年に一度咲くと言われていますが、古文書の記録を調べてみると、日本に昔からあるマダケは、およそ百二十年の周期で花を咲かせているそうです。

そして、珍しいタケの花が咲くと一面に広がっていた広大な竹林が一斉に枯れてしまうのです。

しかし、これは不思議なことではありません。植物の中には何度も何度も花を咲かせる多回繁殖性のものと、一度花を咲かせて枯れてしまう一回繁殖性のものがあります。たとえば、ヒマワリやアサガオは花を咲かせてタネを残すと枯れてしまう一回繁殖性の植物です。タケも花が咲いて枯れます。これは植物としては普通のこ

◆タケの花

とです。ただ、タケの場合はその周期が途方もなく長いというだけなのです。

また、タケは地下茎で伸びていくので、たくさんのタケが生えた広大な竹林が、すべて地下茎でつながっているということも、けっして大げさな話ではありません。つまり、一本のヒマワリが花を咲かせて枯れるように、竹林全体のタケが、一斉に花を咲かせて、一斉に枯れるのです。

しかし、竹林全体のタケが枯れてしまうので、昔の人は気味悪がって、タケに花が咲くことは天変地異の前触れだと言って恐れたのです。

ネズミの大発生

タケの花が天変地異の前触れというのは、単なる迷信とは言い切れません。じつは、タケやササが花をつけると恐ろしいことが起こるのです。大飢饉です。

タケやササが花を咲かせた後は、無数の種子ができます。そして、この種子をエサとするネズミが大発生してしまうのです。大発生したネズミは、やがてタケやササの種子を食い尽くします。そして、エサに飢えたネズミたちは、田畑の農作物を食べ荒らし、人々が大事に蓄えた穀物も食い荒らしてしまうのです。こうして、タケやササの花が咲くと飢饉が起こるのです。

日本では一九七〇年代に、マダケが一斉に開花して枯れました。このときは、竹製品などが不足して社会問題となったようです。不思議なことに、日本から世界に持ち出されたマダケも開花し、世界中でマダケの花が見られたようです。花が咲くということは、花粉を交換しなければなりません。そのため、さまざまなマダケの株が一斉に花を咲かせるのかもしれません。あるいは、もともとマダケは無性繁殖で株で増やされていったのかもしれません。

謎の多いタケの開花ですが、百二十年後の次の開花は、二〇九〇年頃です。そのときは、いったいどのような問題が起こるのでしょうか。
人類は、まだ絶滅せずに地球に生存しているのでしょうか。

伝説のケサランパサラン

ケサランパサランの正体

江戸時代から言い伝えられる謎の生物に、「ケサランパサラン」と呼ばれるものがあります。

ケサランパサランは白い毛の生えた玉で、フワフワと空を舞います。妖怪であるとも、未確認生物（ＵＭＡ）であるとも言われています。

そして、ケサランパサランは、桐《きり》の箱で飼育することができると言い伝えられています。お化粧に使うおしろいを与えると成長すると言われているのです。

ケサランパサランの正体は、まったくの謎です。ケサランパサランを持っていると幸せになると言われていますが、それを他言すると効力がなくなると信じられています。そのため、ケサランパサランを見つけても、誰にも明かされることはないのです。昔から代々、密かに飼い伝えている家もあるとも噂されています。

ケサランパサランの正体は、まったくの謎なのです。

謎の生物、ケサランパサランの正体については諸説あります。たとえば動物の毛玉であるという説があります。ワシなどの猛禽《もうきん》類が消化し切れなかった動物の毛を吐きだしたペレットは、毛皮の皮膚の部分が縮まり、毛玉のようになるそうです。しかし、動物の毛玉は、フワフワ空を飛ぶケサランパサランの特徴には合致しません。

また、白い綿毛をつけてフワフワと飛ぶ雪虫ではないかという説もあります。しかし雪虫は、降り散る雪に見立てられるほど小さな虫ですし、おしろいだけで長く飼育できるというのもおかしな話です。

ケサランパサランの正体は不明ですが、その目撃例として多いのが植物の綿毛を見間違えたものでした。タンポポに代表されるように、植物の中には綿毛のついた種子を風に乗せて、種子を散布させるものが少なくありません。一九七〇年代には、ツチノコやUFOなど、未確認の存在がブームを呼びました。その時代には、植物の綿毛をケサランパサランだと勘違いする人が多かったのです。

◆ガガイモ

ガガイモでできた船

植物の種子の中でも、もしかするとケサランパサランの正体なのではないかと言われているものがあります。それがガガイモです。ガガイモの種子は種髪《しゅはつ》と呼ばれる白い毛が長いのが特徴です。種髪が長いので、風がなくても長時間、浮遊することができます。微細な空気の流れに乗ってフワフワと飛んでいくそのようすは、確かにケサランパサランを思わせます。

ガガイモの種子がおしろいを食べて育つというのは奇妙な話ですが、種子ですから先祖代々、桐の箱のまま伝えられることは可能です。

ガガイモは、はるか『古事記』の時代か

ら、不思議な植物であるとされてきました。

日本最古の歴史書である『古事記』には、オオクニヌシノカミ（大国主神）が出雲の海岸を歩いていると、スクナビコナノカミ（少名昆古那神）という小さな神が、小さな船に乗って海の向こうからやってきたと記されています。この小さな神が乗っていた小さな船が、ガガイモの実で作られたものだったのです。

ガガイモの実は二つに裂けて、中から綿毛のついた種子を飛ばします。そして種子が飛び去ると、後には果実の皮が小舟のような形で残るのです。そもそも、「ガガイモ」という名前も不思議な呼び名ですが、この由来ははっきりしていません。

果たして、ケサランパサランの正体は、このガガイモの種子なのでしょうか。謎は深まるばかりです。

Part Ⅲ

毒のある植物たち

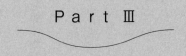

毒の森でリフレッシュ

微生物を殺す物質

スタジオジブリの映画『風の谷のナウシカ』では、毒を吐きだす植物たちが作りだす「腐海」と呼ばれる不思議な森が登場します。

舞台は文明社会が崩壊した後の未来。人間に汚染された大地に広がる腐海の植物は大地の毒を取り込んで、瘴気《しょうき》（熱病を起こさせる山川の悪気や毒気）を出しているのです。森の空気を吸えばたちまち肺は腐り、命はありません。

そんな恐ろしい未来の森と比べると、現代の森はありがたい存在です。何しろ、空気はすがすがしいですし、深呼吸すれば心身ともにリフレッシュします。

しかし、本当にそうでしょうか。じつは、現代の森も毒に満ちあふれています。

森の木々は「フィトンチッド」（見えない揮発した化学物質や現象のこと）と呼ばれる物質を出しています。フィトンチッドは、ロシア語で「植物」を意味する「フィトン」と「殺す」を意味する「チッド」からできています。じつは、何とも恐ろしい言葉なのです。

このフィトンチッドは、植物からの揮発成分によって、微生物が死滅する現象から発見されました。植物は、害虫や病原菌を寄せ付けないように、さまざまな毒性の物質を大気中に放出しています。

人工衛星からの地球の写真を見ると、アマゾン流域や中央アフリカ、東南アジアなどの森林地帯は青いもやが漂っているのが見えると言います。森全体がフィトンチッドの毒で包まれているのです。

毒と薬は紙一重

ところが、毒に満ちた森なのに、森林浴をすると人間は心身ともにリフレッシュされます。これはどうしてなのでしょうか。

じつは、植物が発する揮発成分が、人間にとっては良い効果をもたらすのです。たとえば、フィトンチッドは病原菌を寄せ付けません。そのため、人間にとって害のある雑菌や病原菌も少なくなります。

また、毒と薬は紙一重です。植物には毒草もたくさんありますが、毒も少量飲めば薬になります。植物が微生物や昆虫を殺すために蓄えた毒成分の多くが、人間にとっては薬草や漢方薬の薬効成分として利用されているのです。

森の中で植物が発するフィトンチッドも、また薬になります。

神経を麻痺《まひ》させる毒は、その作用が弱いと適度にリラックスさせてくれます。また、神経を興奮させる毒は、その作用が弱ければ、適度に元気にさせてくれます。

さらに、フィトンチッドの弱い毒の刺激を感じた人間の体は、生命を守ろうと防御態勢に入ります。そして免疫力が高まったり、生きるためのさまざまな機能が活性化するのです。

映画『風の谷のナウシカ』の腐海の森は、きれいな土では毒を出しません。しかし、人間が汚してしまった大地の毒で、瘴気を発するようになったのです。

現在の木々は、私たちの体に良い毒を発しています。空気を汚すことはありません。しかし、現在、地球に住む人類は、有害な物質で大気を満たしつつあります。

腐海の毒に苦しむ未来の人々は、私たち現代人をどう思うことでしょうか。まさか、腐海の森のほうがよっぽどマシだと思わなければいいのですが……。

フィトンチッドは
害虫や病原菌を
駆除する

毒を使うプリンセス

幻覚作用のある毒植物

魔女はホウキに乗って空を飛びます。このときにホウキに塗るのが、ベラドンナやヒヨスというナス科の植物の軟膏《なんこう》です。それにしても、本当に、魔女は空を飛ぶことができたのでしょうか。

魔女は英語で「witch」と言います。これは、もともと「wicca」という「賢い女性」を意味する言葉に由来しています。彼女たちは植物の知識に長《た》けていて、薬草を調合する仕事を営んでいました。今で言えば、薬剤師や化学者のような仕事です。確かに、魔女には大鍋で怪しげな薬を調合しているイメージがあります。

薬草を扱うのですから、人里離れて暮らしていたかもしれませんし、人々が避けるような深い森に入ることもあったかもしれません。そして、薬草を混ぜて薬を作るという行為が、一般の人たちには魔術に見えたことでしょう。

◆ベラドンナとヒヨス

ベラドンナ

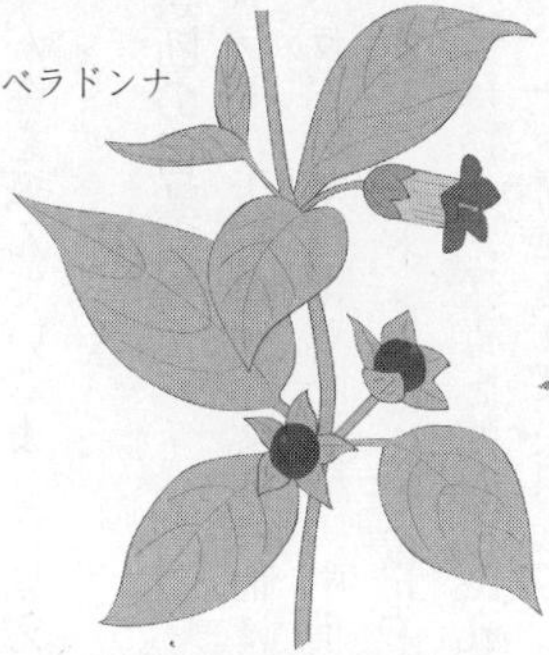

ヒヨス

　そして、いつしか彼女たちは魔女呼ばわりされていくようになるのです。薬を扱う彼女たちの部屋にはホウキは必需品でした。また、ベラドンナやヒヨスは室内の湿った組織で体内への吸収が良かったとされています。人との交わりの少なかった彼女たちは、寂しさを紛らわせ、自らを慰めるために、ベラドンナやヒヨスで作った軟膏を体やホウキに塗り、ホウキにまたがったと言います。

　ベラドンナやヒヨスは毒植物で、幻覚や催《さい》淫《いん》の作用があったと言われています。おそらくは、それが彼女たちに快楽をもたらしたことでしょう。そして、空を浮遊するような気分になったのかもしれません。また、幻覚に陥った彼女たちの姿を目にした人は、まさに魔女が空を飛んでいるように見えたのかもしれません。

禁断の目薬

ベラドンナを使った女性は他にもいました。

ベラドンナは毒草なのに、中世の貴婦人たちはその絞り汁を点眼していたというのです。ベラドンナには、瞳孔《どうこう》を開かせて目を美しく輝かせる作用があったのです。とはいえ、猛毒を使って瞳孔を開かせるなど危険きわまりない行動です。もちろん、一歩間違えれば失明してしまいます。

中には点眼しすぎて、命を落としてしまった人さえいると言われています。それでも美しさを追求したのですから、女性の美への願望というのは恐ろしいものです。ちなみに、ベラドンナという名前は「美しい女性」という意味に由来しています。

やがて、人里離れて薬草を調合していた女性たちに悲劇が訪れました。

中世ヨーロッパでは、「魔女狩り」と称して、多くの罪なき人々が弾劾《だんがい》されたのです。これらの人々の中には、薬草などの民間療法を行っていた人々が多く含まれていたと言います。

しかし、悲劇はこれに留まりませんでした。

魔女と言えば、その傍らに黒ネコがよく描かれます。じつは、魔女が作る空を飛ぶ軟膏に、毒草といっしょに混ぜられたとされるのが、ネコの血なのです。そして、ネコもまた、魔女の手先として大量に虐殺されてしまったのです。

その結果は、どうだったでしょうか。

中世から近世にかけてヨーロッパではペストが大流行し、無数の人々が病《やまい》に倒れることになってしまいました。ペストの伝染源はネズミです。ネコを殺しすぎたためにネズミが大繁殖したことも、ペストが蔓延した原因の一つとなったのです。

その声を聞くと死ぬ

魔女たちが好んだ薬草

映画「ハリー・ポッター」シリーズの魔法魔術学校の「薬草学」の授業では、マンドレイクを植え替える授業が行われます。マンドレイクの根は人のような姿をしています。そして、ハリーたちがマンドレイクを抜くと、引き抜かれた根っこは「ギャー」と声の限りに泣き叫ぶのです。この断末魔の悲鳴を聞いた人は、気が狂って死ぬと伝えられています。

マンドレイクは毒草ですが、使い方によっては薬になります。マンドレイクは、魔女たちが好んで使った薬草です。

また、中世のヨーロッパでは化学的な方法で金を作りだす錬金術の研究が進みました。錬金術によって、さまざまな元素が発見され、化学の知識は発展したのです。この錬金術にもマンドレイクは使われました。もちろん現在では、金は基本的

◆マンドレイク

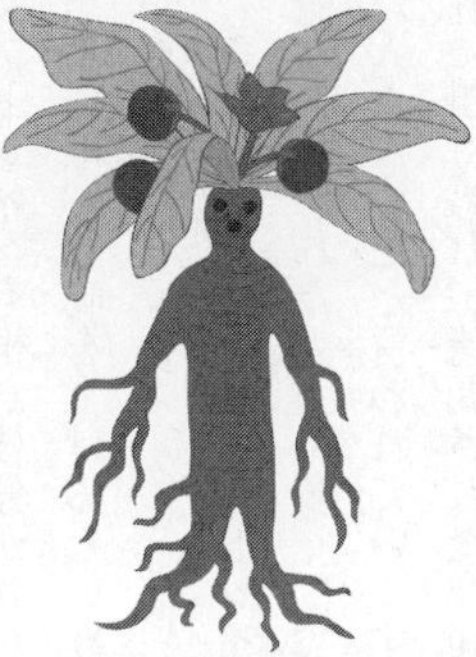

な元素の一つであり、作りだすことができないことはわかっています。

それにしても、その根を抜いた者が死んでしまうマンドレイクは、どのように収穫するのでしょうか。その方法は残酷です。

マンドレイクと人参

まず、自分になついた犬をマンドレイクにつなぎます。そして、遠くから犬を呼び寄せるのです。主人の元に駆け付けようとする犬がマンドレイクを引き抜きます。犬はマンドレイクの悲鳴を聞いて死んでしまいますが、人間は犬の犠牲によってマンドレイクの根を手に入れることができるのです。

マンドレイクは実在する植物です。

ダイコンが二又に分かれると人間の足のように見えます。このように、植物の根っこが人の形に見えることがあります。たとえば、ニンジンは「人参」と書きます。人参はもともと朝鮮人参のことです。朝鮮人参は根っこが人の形に見えることから、「人参」と名付けられたのです。

マンドレイクも根が枝分かれして肥大するので、人の形に見えます。

それでは、悲鳴を上げるというのは本当なのでしょうか。じつは、これは魔女たちが貴重なマンドレイクを乱獲から守るために広めた噂であるとも言われています。そして、この噂がマンドレイクを貴重で高価なものにしていったのです。

魔女と呼ばれた人々の多くは、薬草の知識に精通し、薬を調合する仕事を営んでいた人々だったと言われています。しかし、それが怪しげな業《わざ》と見なされて、魔女裁判に掛けられ、拷問された挙句に、火あぶりの刑に処されていったのです。

人の形に似ているから
人参と呼ぶんだね

ブスになる

毒殺に用いられた植物

日本の幽霊でもっとも有名なのは、『東海道四谷怪談』の「お岩さん」でしょう。夫、伊右衛門に裏切られ顔の崩れる薬を飲まされて恨みを残して死んだお岩さんの幽霊は、「うらめしや〜」と現れて、伊右衛門に復讐をするのです。

このお岩さんに盛られた毒が、トリカブトだったと言われています。

トリカブトは毒殺によく用いられます。

洋の東西を問わず、歴史の陰には突然、病死をしたり、謎の死を遂げたりする者が後を絶ちません。今となっては、死因はわかりませんし、「毒で殺しました」とのんきに記録を残す人もいないでしょうから、真相は謎のままですが、その中には、毒による暗殺も少なからずあったことでしょう。トリカブトは、人知れず歴史の闇で暗躍していたのです。

◆トリカブト

日本では、アイヌの人々が古くからクマを射るための毒矢としてトリカブトを用いていました。

また、忍者集団である風魔一族は、トリカブトの毒を使う暗殺集団としても恐れられていたと言います。忍びの中には、修験者《しゅげんじゃ》に端を発する者も多くいました。不思議なことに、修験者が修行を積んだとされる山には、トリカブトが多く分布している傾向があります。これは、単なる偶然でしょうか。歴史には、けっして記録に残らない真実があるのです。

トリカブトの毒は、古くから世界中で利用されていました。

トリカブトとヘラクレス

トリカブトの花言葉は「復讐」です。ヨーロッパでもトリカブトの毒は毒殺に用いられていたのです。

ギリシャ神話では、ヘラクレスが、三つの頭を持つ冥界の番犬ケルベロスを倒したときに、ケルベロスの中にある復讐心や憎悪に満ちたよだれとなって垂れ落ちたところに咲いたのが、トリカブトであると言われています。

トリカブトは別名を「継母《ままはは》の毒」と言います。古代ローマ時代には、皇帝の継承のために継母が息子のライバルをトリカブトの毒で暗殺する事件が相次いだというのです。

何という怨念に満ちた植物なのでしょう。

毒のあるトリカブトの塊根《かいこん》は、「附子《ぶす》」と言います。トリカブトを口にすると、神経系の機能が麻痺して無表情になります。これが、「ブス」の語源であると言われています。

ブスというのは、顔が醜いことではありません。表情がないことがブスなのです。

歴史の裏側にトリカブトの暗躍がある

魅惑の味はやめられない

人を虜にする植物

食事の後のコーヒーが欠かせないという人も多いことでしょう。

仕事や勉強の合間のチョコレートが欠かせないという人もいるかもしれません。

コーヒーとチョコレートは、同じ物質を含んでいます。カフェインです。

世界の三大飲料と言われているのは、コーヒー、紅茶、ココアです。この三種とも、カフェインを含んでいます。カフェインは植物が作りだす物質です。

コーヒーはアカネ科のコーヒーノキの種子から作られます。また、紅茶や緑茶はツバキ科のチャの葉から作られます。また、ココアやチョコレートはアオギリ科のカカオの種子から作られます。カフェインはアルカロイドという毒性物質の一種で、もともとは植物が昆虫や動物の食害を防ぐための忌避《きひ》物質です。

このカフェインの化学構造は、ニコチンやモルヒネとよく似ていて、同じように

◆コーヒーノキ

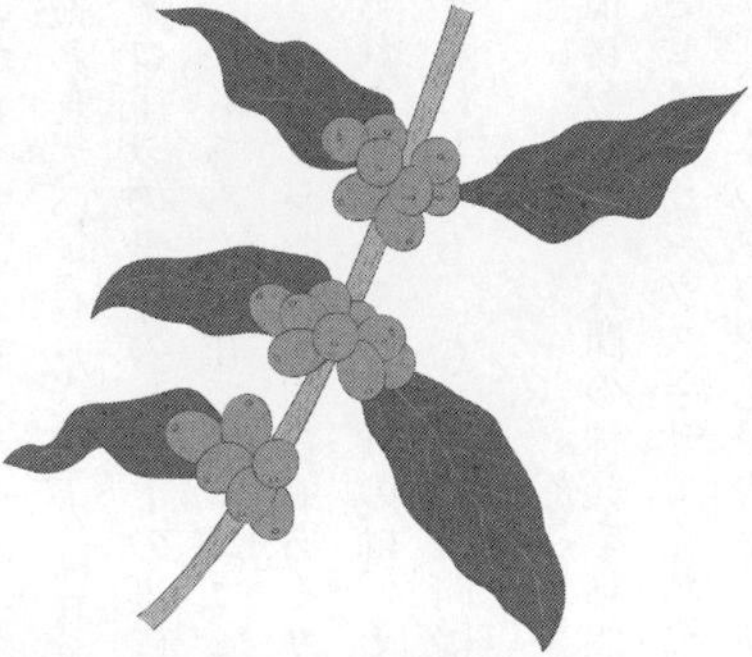

神経を興奮させる作用があります。

人類は、たくさんある植物の中からカフェインを含む植物を選びだして、愛用してきたのです。ただし、カフェインは脳神経に作用する有害な物質なので、過剰な摂取は禁物です。カフェインには利尿作用がありますが、これは、人体がカフェインを毒性物質と感じて、体外に排出しようとしているのです。カフェインは、摂りすぎると依存症になるので注意が必要です。

植物の持つ毒は、時に人を虜《とりこ》にします。タバコのニコチンも、もともとはナス科のタバコが持つ物質です。

植物の毒とエンドルフィン

また、コーラはアオギリ科のコーラの実から作られます。コーラの実にもカフェインが入っています。さらにコーラの中でも、コカ・コーラは、もともとコカの葉が使われていました。コカは麻薬のコカインを含む植物です。もしかすると、コカ・コーラの世紀のヒットの裏にはコカインの力が少なからずあったのかもしれません。もちろん現在では、コカ・コーラにコカインは含まれていません。

トウガラシの辛味物質であるカプサイシンにも依存症があります。激辛料理がやめられなくなってしまうのは、そのためです。

それにしても、どうして人間は植物の毒がやめられなくなってしまうのでしょうか。

植物の毒は、人間の神経を覚醒させて元気にしてくれたり、また人間の神経を麻痺させてリラックスさせてくれたりします。さらには、毒を無毒化したり、排出しようと、体の中の機能が活発に働きだします。そして、毒を排出することで、余計な老廃物も一緒に排出するデトックス効果もあるのです。

しかし、それだけではありません。

植物の毒を感知し、体が正常な状態にないと判断した人間の脳は、毒による苦痛を和らげようと、ついにはエンドルフィンまで分泌してしまいます。エンドルフィンは、脳内モルヒネとも呼ばれていて、モルヒネと同じような鎮痛作用がありますす。このエンドルフィンの分泌によって、私たちは陶酔感を覚え、忘れられない快楽を感じてしまうのです。

こうして私たちは、植物の毒がやめられなくなります。

どんなに知恵があると自慢してみても、万物の霊長と威張ってみても、所詮は人間も植物の魔力からは逃れられないのです。

変わり果てた姿に

外来植物の繁栄

外国から日本にやってきて猛威を振るう外来植物が問題になっています。

嫌われ者の外来植物の中でも、セイタカアワダチソウは、その代表格でしょう。

セイタカアワダチソウは、根から有毒な物質を出します。この物質で、ライバルとなる周りの植物の芽生えや生育を抑制してしまいます。そして、一面に大繁殖して大きな群落を作ってしまうのです。

セイタカアワダチソウの名前は「背が高い」ことに由来しています。高さ数メートルにもなり、河原や空き地などを覆い尽くしてしまうのです。まさにモンスターのような植物です。

セイタカアワダチソウは、北アメリカ原産の植物です。ところが、です。原産地の北アメリカでは、セイタカアワダチソウは背が高くありません。高さ一メートル

◆セイタカアワダチソウ

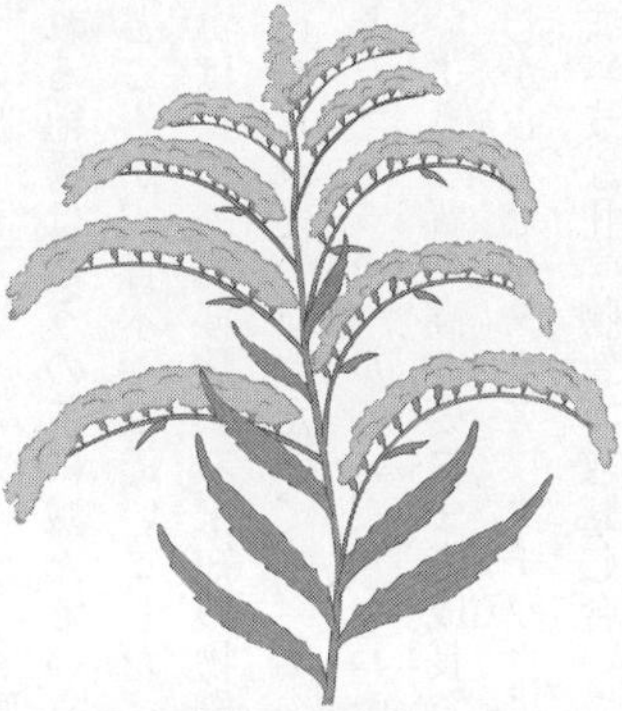

にも満たない草丈で、黄色い可憐《かれん》な花を咲かせる野の花なのです。
そのため、セイタカアワダチソウは、アメリカの人々にかわいらしい祖国の花として愛されてきました。その英名は「ゴールデンロッド（黄金の棒）」。ケンタッキー州やネブラスカ州などでは州の花として選定されるほどの人気です。
しかも、セイタカアワダチソウはアメリカの野原では弱い存在です。「セイタカアワダチソウが咲く野原を守ろう」という保全活動まで行われているくらいです。

自家中毒と衰退

セイタカアワダチソウは、根から毒を出し

ます。しかし、すべての植物は身を守ったり、他の植物との競争のために、さまざまな物質を放出しており、お互い様なのです。

アメリカの大地で長年、共に進化をしてきた植物にとっては、セイタカアワダチソウの出す毒など、わかりきった物質ですから、何ともありません。こんな毒でやられる植物はとうの昔に滅んでいることでしょう。

ところが、日本では違いました。日本の植物にとってセイタカアワダチソウが出す毒は、初めて経験する未知の物質でした。そのため、なす術《すべ》もなく、その毒に簡単にやられてしまったのです。

そして、ライバルのいなくなったセイタカアワダチソウは、祖国では見ることもないような背の高い姿にまで成長し、猛威を振るい始めたのです。

しかし、セイタカアワダチソウにとっても、それは不幸の始まりでした。植物はさまざまな化学物質で攻撃し合いながらも、バランスをとって生態系を作り上げています。ライバルもなく独り勝ちすることは、初めての経験でした。セイタカアワダチソウだらけになった群落、しかしその毒は自らをも蝕《むしば》むようになります。そして、自家中毒によって衰退していったのです。セイタカアワダチソウが一時ほど大繁殖をしていないのは、そのためと考えられています。

人間が植物をモンスター化させる

セイタカアワダチソウは、好んで日本にやってきたわけではありません。未知の土地である日本で必死に生き抜こうとしただけです。しかし、生態系のバランスが崩れ、祖国ではかわいらしい花と愛された植物は、異国の地で誰からも嫌われるモンスターとなってしまったのです。

同じように、日本ではまったく害にならないイタドリは、日本からヨーロッパに渡って、外国から来た外来雑草として猛威を振るっています。また、日本人に愛されているはずのススキも、日本からアメリカ大陸に渡って雑草として大暴れしています。

どんな境遇が、植物たちをモンスターに変えてしまうのでしょうか。土の環境がそうさせたのかもしれません。病害虫がいない環境が原因かもしれません。おとなしかった植物が、環境が変わったことでモンスター化してしまうのです。

嫌われる外来植物も、好んで外国へ渡ることはありません。どれも、人間の活動によって新しい土地に移動させられたに過ぎないのです。

お菊さんの呪い

お菊虫とジャコウアゲハ

「一枚、二枚……九枚、やっぱり一枚足りない……」

夜な夜な現れてはすすり泣くように井戸から聞こえる女の声。

怪談の『番町皿屋敷』では、大事な一〇枚揃いの皿の一枚を割った罪で惨殺され井戸に放り込まれたお菊さんの幽霊が、うらめしそうに皿の枚数を数えます。

ところがその後、お菊さんが放り込まれた古井戸に、うしろ手に縛られた女性の姿をした不気味な虫がたくさん出現したと言い伝えられています。

この虫は「お菊虫」と呼ばれています。お菊虫の正体は、ジャコウアゲハというアゲハチョウのサナギです。その形は奇妙で、確かに縛られたお菊さんの姿を思わせます。

昆虫は、鳥などの天敵から身を隠すために、たいていは周囲の風景に溶け込んだ

◆ウマノスズクサ

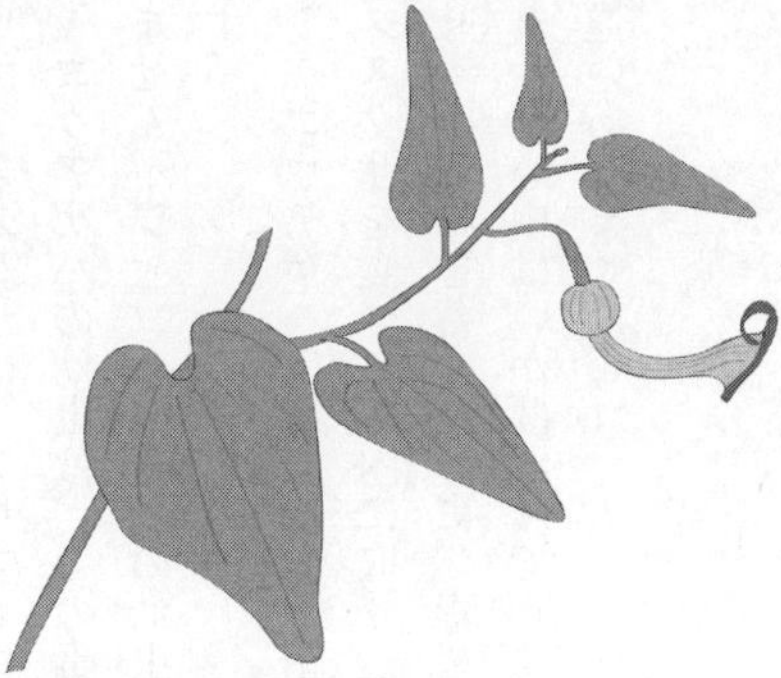

目立たない色をしています。しかし、ジャコウアゲハの幼虫や成虫は、とても目立つ色をしています。ジャコウアゲハは毒を持っています。そのため、あえて目立たせて鳥などに有毒だから食べないようにと警告しているのです。ジャコウアゲハのサナギも毒があるので、目立つ色と形をして、目につきやすい場所にいます。

毒草を食べる幼虫

お菊虫は気味が悪いことに、墓地の墓石などによく現れます。これには理由があります。ジャコウアゲハの幼虫がエサにするウマノスズクサが墓地周辺によく生えているのです。ウマノスズクサは草刈りが行われる草地に生えます。手入れの行き届いた墓地の周辺はウマノスズクサの生息に適しているのです。

ウマノスズクサは、アリストロキア酸という毒を持つ有毒植物です。ところが、ジャコウアゲハの幼虫は、この毒草を抵抗なく食べてしまいます。それだけではありません。ジャコウアゲハの幼虫は、ウマノスズクサの毒を体内に蓄えてしまうのです。

ジャコウアゲハは毒を持つと紹介しましたが、じつはジャコウアゲハの毒はウマノスズクサを食べて体内に取り込んだものだったのです。

せっかく毒を蓄えたのに、毒を横取りされた挙句に食べられ続けているウマノスズクサの心中はいかばかりでしょうか。よほど、お菊虫がうらめしいと思っているに違いありません。

お菊虫は
美しい蝶に変わる

七夕の真実

植物の薬効と季節の行事

季節行事の五節句は中国の風習ですが、日本に伝わってからは、稲作と深く結び付きました。節句の行事を振り返ってみると、植物が深くかかわっていることに気がつきます。昔の人たちは、稲作の作業の節目を節句の行事として、植物の薬効で英気を養ったのです。

一月一日は元日で、お屠蘇《とそ》を飲みます。お屠蘇はもともと山椒《さんしょう》、肉桂《にっけい》、桔梗《ききょう》などの数種の植物生薬から作られた薬酒です。また、日本では一月七日を七草の節句としています。そして、春の七草を摘み、七草がゆを食べるのです。

三月三日の桃の節句には、桃の種を煎じた杏仁湯《きょうにんとう》という薬湯があります。旧暦の三月三日は稲の種をまき、いよいよ稲作が始まる季節でもあります。そのため、杏仁湯を飲み、これから始まる農繁期に備えたのです。

五月五日の端午《たんご》の節句には、菖蒲《しょうぶ》の根を煎じた薬湯を飲みます。旧暦の五月五日は雨の多い田植えの時期です。重労働で体は疲労します。菖蒲の薬湯は健康を守る働きがあったことでしょう。さらに菖蒲湯に入るのも意味があります。菖蒲やヨモギには強い抗菌作用があります。

気温や湿度が上がるこの時期に田んぼに入ると、虫や菌によって皮膚病にかかる危険があります。そこで抗菌力の強い薬湯に入って皮膚を保護したのです。昔は、田植えは女性の仕事でした。五月五日は、今では男の子の節句ですが、昔は女性のための節句だったのです。

そして、田の草取りの時期である旧暦の七月七日の七夕の節句には、ホオズキの根を煎じた薬湯を飲み、稲刈りの時期である旧暦の九月九日の重陽《ちょうよう》の節句には、菊の花の酒を飲んだのです。

ホオズキの悲しい利用法

節句に用いられるのは、すべて薬効の高い植物ばかりです。

しかし、七夕の節句のホオズキには、さらに重要な意味があったと言われていま

◆ホオズキ

す。

ホオズキはナス科の植物です。すでに紹介したように、ナス科には有毒な植物が多くあります。薬と毒は紙一重、薬は使い方によっては毒になります。

じつは、ホオズキの根には毒があります。昔は、この毒で胎児を殺して流産をさせました。ホオズキは堕胎《だたい》の薬でもあったのです。

七月七日の頃に妊娠していると、もっとも忙しい稲刈りの時期に大きなお腹で動けなくなってしまいます。無理に重労働をすれば流産の危険があるばかりか母体も危なくなります。

そのため、七月七日にはホオズキを飲んだり、ホオズキを煎じた汁を子宮に入れて堕胎したのです。

昔はどこの農家の庭先にもホオズキが植えてありましたが、ホオズキにはこんな利用法もあったのです。

麻酔の始まり

カプサイシンは虫除《よ》けの成分

前述したように、ナス科の植物には、有毒植物がたくさんあります。魔女が使うと紹介したマンドレイク（一六四頁）や、ベラドンナやヒヨス（一六〇頁）、は、すべてナス科の植物です。また、七夕の節句に用いたホオズキ（一八五頁）もナス科の植物でした。

私たちの身近なところにも、ナス科の植物はあります。

たとえば、私たちが喫煙するタバコは、ナス科のタバコという名前の植物の葉から作られます。タバコの葉に含まれるニコチンは、もともと昆虫や動物の食害や病原菌から身を守るために身につけた有毒な物質です。少量のタバコはよいかもしれませんが、吸いすぎは体に毒なのです。

ナス科には野菜もあります。ジャガイモはナス科の野菜です。ジャガイモの芋に

◆タバコ

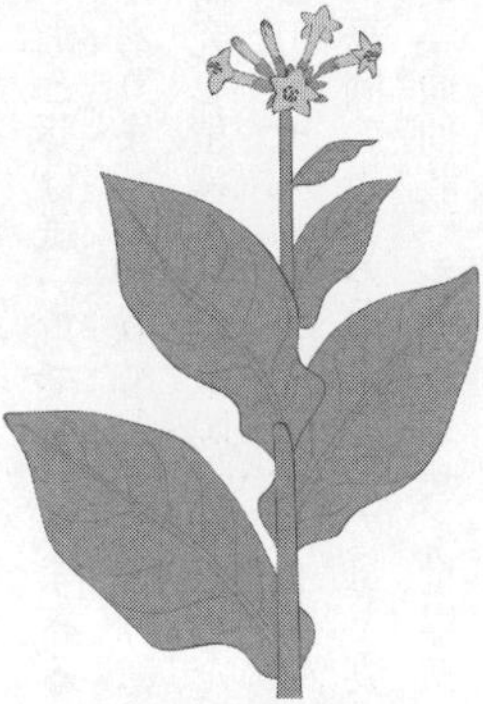

は毒はありませんが、茎や葉には毒がありま
す。ジャガイモを調理するとき、芽が出た部
分や緑色になった部分を取り除きますが、こ
れは、ジャガイモの芽にはソラニンという毒
があるためです。

トウガラシもナス科の野菜です。トウガラシの辛味成分カプサイシンも、本来は動物や昆虫の食害を防ぐための毒成分です。ナスやトマトも食用にする実の部分に毒はありませんが、茎や葉には毒があります。

華岡青洲の人体実験

かつて江戸時代の医者、華岡青洲《はなおかせいしゅう》（一七六〇－一八三五）は麻酔手術で人々の命を救いたいと、麻酔の研究をしました。このとき用いたのが、チョウセンアサガオというナス科の有毒植物です。チョウセンアサガオは、別名を「きちがいなすび」と言います。誤って食べると、幻覚を見て、泣きわめいたり、踊りだしたりと狂乱状態になることから、そう名付けられているのです。

毒と薬は紙一重です。多すぎると毒になりますし、少なければ麻酔としての効果がありません。麻酔として使うには、絶妙な量に調整しなければならないのです。研究を積み重ねた華岡青洲でしたが、人間に対する効果は、人間で試さなければわかりません。しかし、それは被験者を殺してしまうかもしれない人体実験です。

華岡の思いを汲《く》んで彼の母と妻が実験台になりました。そして、ついに彼は麻酔薬「通仙散《つうせんさん》」を完成させ、世界初の全身麻酔手術に成功します。それは、西洋で最初の全身麻酔が行われるより四十年以上も前に行われた快挙でした。

しかし、度重なる人体実験の結果、母親は死んでしまいます。そして、妻もまた人体実験の影響で失明してしまうのです。麻酔薬の完成の裏には、そんな女性たちの大きな犠牲がありました。

この栄誉を称《たた》えて、日本麻酔科学会のロゴマークにはチョウセンアサガオが用いられています。

Part Ⅳ

恐ろしき植物の惑星

共生の真実

マメ科植物はやせた土地でも育つ

マメ科植物は、根粒菌《こんりゅうきん》と共生関係にあり、助け合っていると言われています。根粒菌というバクテリアは、マメ科植物から栄養分をもらって生きています。その代わりに、根粒菌は、空気中の窒素を取り込んでマメ科植物に与えるのです。これを「窒素固定」と言います。

この根粒菌のおかげで、マメ科植物は窒素の少ないやせた土地でも成長することができるのです。まさに、持ちつ持たれつの助け合いです。

本当でしょうか。

芽生えたばかりのマメ科植物には根粒菌は共生していません。根粒菌はマメ科植物が根から出すフラボノイドという物質を頼りに、根毛の先端にたどりつきます。そして、まるで挨拶をするように、根粒菌は、植物に対してある種の物質を出すの

◆マメ科植物の根

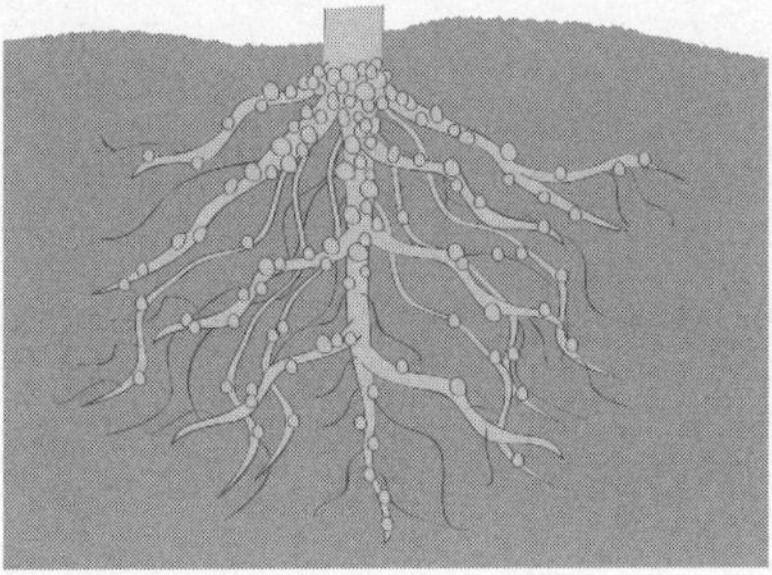

です。

すると、それに気がついたマメ科植物の根は、あたかも根粒菌を温かく迎え入れるかのように、丸く変形して根粒菌を包み込みます。そして、根粒菌が棲むために、根粒というコブを作るのです。

根粒菌は、ふだんは落ち葉などの有機物を分解しながら静かに暮らしています。しかし、マメ科植物の中では、栄養分を与えられて、窒素固定を行うのです。

根粒菌を飼い殺す？

しかし、マメ科植物と根粒菌が、本当に仲良く共生しているのかというと、どうやらそうでもなさそうです。

マメ科植物にとって、根粒菌は大切なパートナーですが、あまりに増えすぎると栄養分を奪われてしまいます。そこで、すべての根粒菌に根粒を与えるわけではなく、根の中に待機させているのです。そして、根粒菌が足りなくなると、迎え入れて根粒を作ります。つまり、多くの根粒菌は、マメ科植物の根の中で飼い殺し状態にされているのです。

さらに、窒素固定能力の少ない働きの悪い根粒は、植物からの養分の供給がストップしてしまうと言います。つまり捨てられてしまうのです。共生などという甘い関係ではありません。根粒菌は、マメ科植物の奴隷のように働かされているのです。

しかし、根粒菌もマメ科植物を責められたものではありません。

そもそも、根粒菌も病原菌として植物体に感染しようとやってきました。そして、まんまと侵入したつもりが、マメ科植物につかまって働かされているというわけなのです。どっちもどっちなのです。

まさにやるかやられるか、騙《だま》すか騙されるか。共生とは言っても、所詮はエゴイズムとエゴイズムのぶつかりあい。それが生物の世界なのです。

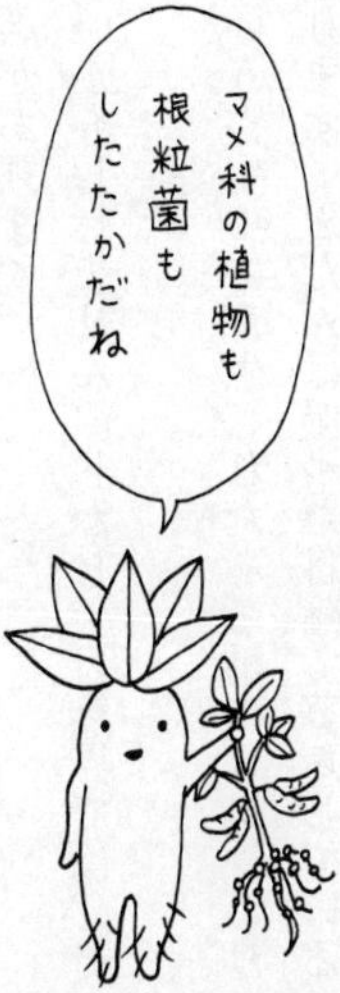
マメ科の植物も
根粒菌も
したたかだね

操られしもの

寄生されたカタツムリ

SF映画では、脳を操られてしまう話があります。そんなことありえないと信じたくないかもしれません。しかし、自然界では、そんな話は珍しくありません。

たとえば、レウコクロリディウムという寄生虫に寄生されたある種のカタツムリは、じつに奇妙な行動をとるようになります。ふだんは湿った日陰で暮らしているのに、寄生されたカタツムリは日当たりの良い葉の上に移動するのです。

そして、カタツムリの目は異様に膨れ上がり、奇妙な模様が動いているのです。この模様の正体がカタツムリを操る寄生虫です。葉の上で目の模様を動かしているカタツムリは、よく目立ちます。そしてカタツムリを鳥に食べさせるのです。じつは、レウコクロリディウムは鳥の寄生虫なのです。

◆ドクムギ

寄生虫だけではありません。アリタケというキノコの仲間は、ハキリアリが食べて体内に入ると、ハキリアリの脳を支配します。そして、胞子を飛ばすのに適した場所までハキリアリを移動させます。そして、ハキリアリの命を奪い、ハキリアリの死骸を菌床として成長するのです。

本当に恐ろしい世界です。

ファラオとドクムギ

植物の世界にも、体内の寄生者が影響を与える例はあります。

新約聖書の「マタイ伝」にドクムギという植物が登場します。その名のとおり、有毒なので、家畜や人間が誤って食べると中毒を起こしてしまうのです。マタイ伝によれば、人々が眠っている間に、悪魔がドクムギの種をまくのだと言います。

しかし、もともとドクムギは有毒ではありません。じつは、ドクムギの体内にはエンドファイトと呼ばれる内生菌が潜んでいて、せっせと毒素を作りだしているのです。こうしてドクムギは、恐ろしい有毒植物に仕立てられてしまったのです。

エンドファイトは、もうずいぶんと昔からドクムギの体内に棲みついていました。エンドファイトは種子にも感染するので、一度感染すると子々孫々に至るまで感染を受け続けることになるのです。エンドファイトとドクムギの共生の歴史は古く、四千四百年前のファラオの墓から発見されたドクムギの種子は、すでにエンドファイトが感染していたと言います。

ドクムギだけではありません。エンドファイトはさまざまな植物に感染しています。そして、植物をコントロールするのです。

ただし、植物体内に棲むエンドファイトにとっては、感染した植物が無事に生きていたほうが安泰です。植物を守るために、植物をコントロールしてさまざまな物質を作らせたり、さまざまな能力を活性化させます。そのため、エンドファイトに感染した植物は、病害虫や乾燥に対する耐性が強まることが多いようです。

ドクムギのエンドファイトも、感染した植物が、動物や害虫に食べられないように毒成分を作りだしていたのです。

操り操られというのは、自然界ではよく見られる現象です。

あなたは大丈夫ですか？

今、あなたが考えていることや、やろうと思っていることは、本当にあなたの意志ですか。

ある日突然、理由もなく草花を育ててみたくなったり、森へ出掛けてみたくなったり、甘い果実が食べたくなったりしたら……もしかしたらあなたは植物たちの意志に操られているのかもしれません。

アインシュタインの予言

もし、ミツバチが滅びたら……

二十世紀を代表する科学者であるアルバート・アインシュタイン（一八七九－一九五五）は、こんな予言を残しています。

「ミツバチがいなくなったとしたら、人類は四年以内に滅びる」

これは本当でしょうか。

小さな虫のために、人類が滅んでしまうようなことが起こりうるのでしょうか。

種子植物の中には、風で花粉を運ぶ風媒花と、虫に花粉を運んでもらう虫媒花があります。そして、植物のうちおよそ八割以上が虫媒花であると言われています。

風まかせの風媒花は、花粉がどこに飛んでいくかわからないので、非効率的です。これに対して虫媒花は、花から花へと昆虫が花粉を運んでくれるので、効率的です。そのため、多くの植物が虫媒花へと進化を遂げたのです。

地球に咲く多くの花々の花粉を昆虫が運んでいます。それだけ、たくさんの昆虫が必要なのです。花粉を運ぶ昆虫の中でも、特に大きな役割を果たしているのがミツバチなど、ハナバチの仲間です。ハチは運動能力が高く、せっせと花粉を運んでくれるのです。しかもミツバチは、女王を中心とした家族を形成する社会性昆虫です。自分のためだけでなく、仲間の分まで花を飛び回って蜜を集める働きものです。その働きによって、花粉もよりたくさん運ばれていくのです。

もし、ミツバチがいなくなってしまったら、多くの植物は子孫を残すことができずに絶滅してしまいます。仮に、地球上の八割もの植物が失われてしまった時、地球の環境や気候はどうなってしまうのでしょうか。

さらには、私たちが食べる作物の多くも虫媒花です。国連の報告によれば、世界で生産されている作物のおよそ三割が、ミツバチによって受粉されていると言われています。世界の作物生産の三割が失われた時に、地球に住む七八億人を超える人口はどうなってしまうのでしょうか。

つまり、ミツバチが滅びると、植物が滅び、人類が滅びるというわけです。

ネコ・マルハナバチ・アカツメクサ

生態系のつながりを表すたとえとして、「英国の栄光はオールドミスのおかげ」という話があります。

戦争が起こると未亡人が増えます。すると未亡人は寂しいのでネコを飼います。ネコが増えるとネズミが減ります。天敵のネズミが減るとマルハナバチが増えます。ハチが増えると受粉が進んでアカツメクサが増えます。するとアカツメクサを食べた羊の肉ができます。その結果、羊肉を食べて英国海軍が強くなるのです。そして、海軍が強くなると戦争が起こり、未亡人が増えるとお話が始めに戻って続いていきます。

けっして笑い話ではありません。あらゆる生物は生態系で複雑につながっています。そして、そのつながりの中に人間社会もあります。自然界で何か問題が起これば、人間社会にどのような影響が出るのか、まったく予測がつきません。

昔、モーリシャス島に生息していた飛べない鳥、ドードーが絶滅すると、不思議なことに、島に生息していたカリヴァリアという木も絶滅してしまいました。カリヴァリアの実は硬く、ドードーしか食べることができません。そして、ドードーは

◆英国の栄光はオールドミスのおかげ

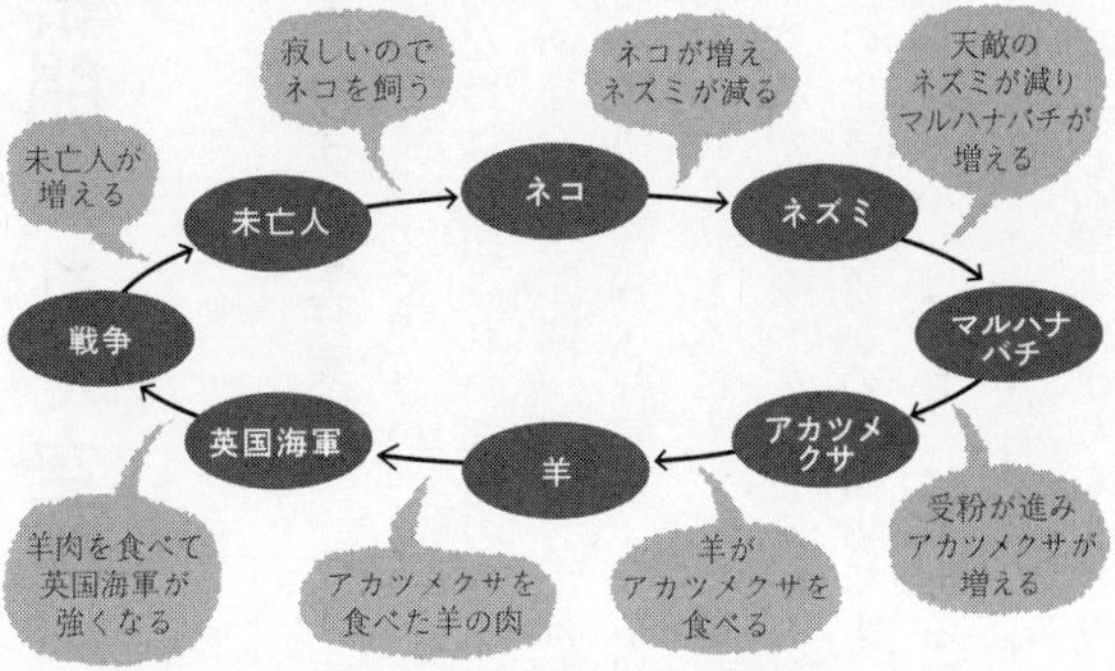

この木の種子を散布する役割を果たしていたのです。

自然界では、一つの生物が単独で暮らしていることはありません。複雑に関係しながら、暮らしています。アインシュタインの予言に根拠はありません。しかし、アインシュタインほどの人が、生態系のつながりの複雑さは人類の英知を越えていると警鐘を鳴らしているのです。

今、世界中でミツバチが姿を消して問題になっています。アインシュタインの予言は現実のものとなりつつあるのでしょうか。

密閉された空間

アリゾナの生存実験

想像してみてください。

あなたは密閉された部屋の中にいます。食べ物もなく、空気もありません。そこで、あなたは二年間、過ごさなければならないのです。何か持ち込めるとしたら、あなたは何を持ち込むでしょうか。

食料を持ち込もうにも、二年間分の食料を保存するのは大変です。それよりも先に、空気がなくなってしまうかもしれません。

この生活で必要なのは植物です。植物は酸素を作りだします。また、食べられる植物を持ち込めば、食料にもなるのです。

とはいえ、この生活は大変です。食べるためにと、植物を収穫しすぎてしまえば、たちまち酸素が足りなくなります。何しろ密閉された空間なのですから、何か化学合成された物質で空気を汚すことなど厳禁です。

一人では寂しいだろうと、もう一人がルームシェアしたいと入ってきたらどうでしょうか。限られた空気、限られた食料がなくなってしまいます。あなたは、あわてて植物を増やす羽目に陥るでしょう。

実際に、こんな実験が行われたことがあります。

一九九一年、アリゾナの砂漠の中に作られた「バイオスフィア2」という施設の中で、男女八人の科学者が、密閉された空間の中で水と空気と食料をリサイクルしながら、二年間の生活を送ったのです。

この実験は失敗に終わりました。

狭い空間の中で酸素や二酸化炭素、食料をバランス良く維持していくことは困難でした。何より生活をしていた人たちが、精神的に参ってしまったのです。

消失する植物、増加する人口

バイオスフィア2というのは、「第二の生物圏」という意味です。

それでは、第一の生物圏は何でしょうか。そう、地球のことです。

地球は無限ではありません。

地球を覆う大気や海洋の厚さは、驚くほどわずかです。地球をタマネギにたとえるのであれば、タマネギの薄皮ほどもない薄さです。さらに、植物が育つことのできる土の深さは、地表面数十センチメートルから深いところでも数メートル程度です。ほんのわずかな空間に、ありとあらゆる生物が暮らしているのです。地球は限りある閉ざされた空間です。

それなのに、酸素を出す森の木々たちはみるみる減っています。

わずか一分間で、東京ドーム二個分の森林が失われ、毎年、東京都六個分の面積の森林が消失しているというのです。そして、植物や動物は次々に絶滅していきます。現在では、一年間に四万種の動植物がこの地球から姿を消していっていると言います。

それなのに、食料を必要とする人の数は増えていきます。文明社会は酸素を燃やして、二酸化炭素を増やしていきます。

地球は本当に大丈夫なのでしょうか。人々は気が狂ってしまうことはないでしょうか。もしかすると、遠い宇宙の彼方から、この「バイオスフィア1（第一の生物圏）」の実験を、じっと観察している知的生命体がいるのかもしれません。

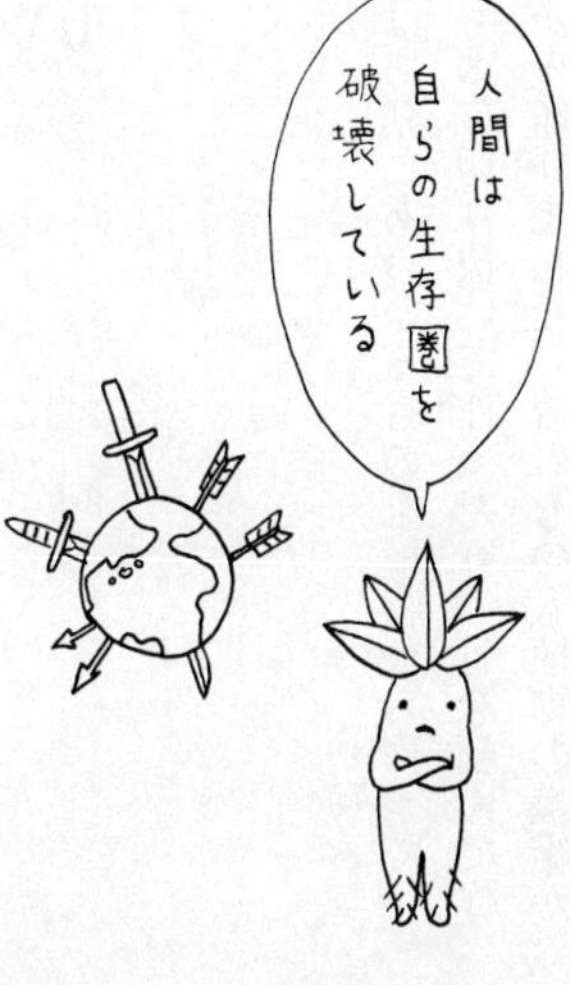

葉っぱ一枚に及ばない

循環する植物

博物館や資料館に行くと、昔の人たちはありとあらゆるものを植物から作っていたことに驚かされます。物を入れるものも木を切り抜いて作ったり、竹を編んで作りました。雨のときに着る笠《かさ》や蓑《みの》も植物から作りました。着るものも植物の繊維から作りましたし、着物を染める染料も植物から作りました。それどころか、屋根さえ植物のカヤや稲ワラで作っていたのです。

それに比べて、今ではきれいなプラスチック製品が並んでいますし、衣服も化学繊維で作ります。昔の暮らしは、ずいぶん後《おく》れているなぁ、そう思うかもしれません。しかし、本当にそうでしょうか。

プラスチックや化学繊維は石油から作られます。石油は、限りある資源です。もし、なくなってしまったら、何に頼ればよいのでしょうか。また、石油で作られた製品は、腐ることがありません。使い終わったものはゴミとなるのです。

しかし、植物は違います。植物で作られたものは、使い終われば分解されて土になります。そして、その土が新たな植物を育てるのです。

この循環を作り上げているのが、太陽からのエネルギーです。太陽の光を受けて、植物は育ちます。そして、循環が作られていくのです。植物が大きくなったら利用するということは、この循環の力を使っているということです。昔の人たちは、太陽エネルギーを上手に使っていたのです。

太陽エネルギーは未来のエネルギーと言われますが、昔の人は植物を利用することによって、当たり前のように利用していたのです。

植物は、光のエネルギーを使うことによって、二酸化炭素と水だけを材料にして、ブドウ糖と酸素を作りだします。これは、本当に単純な化学式です。しかし、科学技術が進んだ現在、私たちは複雑な物質を化学合成することができるようになりましたが、今でもこの光合成を人工的に行うことができません。

どんなに威張ってみても、私たちの科学は、葉っぱ一枚に到底、及ばないのです。

蘇る古代の地球

猛毒の正体

その物質は、猛毒です。

何しろどんなものでも、その物質に触れると、錆《さ》びついてボロボロになってしまうのです。硬い金属もその物質に触れれば、赤茶けて腐食してしまいます。もちろん、この物質は生物にとっても悪い影響を与えます。ＤＮＡは損傷し、体は錆びついて、老いさらばえてしまうのです。何という恐ろしい物質なのでしょう。

物質の毒性を表す指標の一つに「電気陰性度」と呼ばれるものがあります。第一次世界大戦で、毒ガス兵器として使われた塩素ガスの電気陰性度は「三・一」です。これに対して、この猛毒物質は「三・四」ですから、間違いなく猛毒です。

この猛毒物質こそが、「酸素」です。酸素は、私たちが生きていくうえで欠かすことのできないものです。しかし、もともと酸素は、毒性のある物質なのです。

植物は、この酸素を吐きだしています。

地球に生命が誕生したのは、三十八億年前のことです。そして、あるとき光合成を行う小さな原生生物が誕生しました。これが植物の祖先です。そして、植物は進化を遂げて、地球上に繁茂して、大気中の酸素濃度を高めていったのです。

こうして地球は、猛毒の酸素が満ちた惑星となってしまったのです。この酸素によって死滅してしまった微生物たちもいたことでしょう。そして、わずかに生き残った微生物たちもまた、地中や深海など酸素のない環境に追いやられて、ひっそりと生きるよりほかなかったのです。

息をひそめる微生物たち

ところが、です。猛毒の酸素で死滅しないばかりか、酸素を体内に取り込んで利用する生物が現れました。酸素は毒性がある代わりに、爆発的なエネルギーを生みだす力があります。この禁断の酸素に手を出した微生物は、これまでにない豊富なエネルギーを利用して、活発に動き回ることができるようになりました。

さらに豊富な酸素を利用して丈夫なコラーゲンを作り上げて、体を巨大化することも可能になったのです。これが私たちの遠い祖先となる微生物でした。私たちは、まるで放射能をエネルギーに巨大化して狂暴化した怪獣のような存在なのです。

現在の地球は、猛毒を出す植物と、猛毒を利用する生物たちに支配されたモンスターの惑星なのです。しかし、心配することはありません。地上に誕生した「人間」という生き物は、石炭や石油などの化石燃料を燃やして大気中の酸素を消費しています。二酸化炭素濃度が高まり、気温は上昇しています。

そして、人類が放出したフロンガスは、酸素が作りだしたオゾン層を破壊し、紫外線は再び、地表に降り注ぎつつあります。こうして、人間は植物が登場する前の原始の地球環境を取り戻しつつあるのです。

さらに、人間という生き物は邪魔な植物や動物を駆逐《くちく》して、植物のない砂漠を作っていきます。やがて、我が物顔で地球に君臨するモンスターたちもいなくなることでしょう。人間こそ、新たな地球の創造主。そして、やがては人間も滅んだ美しい地球が蘇るのも遠い未来のことではないでしょう。

――その昔、地中に追いやられた微生物たちは、そんな日をじっと待っているに違いありません。

おわりに

『面白くて眠れなくなる植物学』の続編として、「怖くて眠れなくなる」というテーマで本を書いてほしいと言われたときに、本当に困りました。植物は怖くないからです。確かに食べれば命を落とすような有毒な植物はあります。人間の社会生活を脅かすような雑草もあります。また、「はじめに」で書いたように、植物に「畏怖」の念を感じるときはあります。しかし、植物に眠れなくなるほどの怖さはないのです。

しかし、「怖くない」と思っていた植物ですが、考えていくうちに、だんだんと怖さを感じるようになってきました。

植物は光だけあれば、光合成をしてエネルギーを作りだします。光と水と土からあらゆる物質を作りだします。植物は、どうしてこんなにも高度な生き方を手に入れたのでしょうか。

この世の中は、植物で覆い尽くされ、植物を中心に生態系が作られています。その仕組みの巧みさ。植物はどのようにして、このように複雑な生態系を作り上げたのでしょうか。

人々は、植物なしには生きていくことができません。昔から、人々は植物をさまざまに利用してきました。しかし、人間が利用してきたかのような歴史を振り返ってみると、人類は常に植物に翻弄《ほんろう》され続けてもきたのです。

人間は自分たちこそが万物の霊長なのだと信じています。しかし、もしかするとすべては植物の思惑どおりなのかもしれません。自然の営みも人間の営みも、植物たちに仕組まれたことなのかもしれません。

そう考えずにはいられないほど、植物というのは不思議で謎に満ちた存在なのです。どうやら、今夜も怖くて眠れそうにありません。

稲垣栄洋

著者紹介

稲垣栄洋（いながき　ひでひろ）

1968年静岡県生まれ。静岡大学農学部教授。農学博士、植物学者。農林水産省、静岡県農林技術研究所等を経て、現職。主な著書に『散歩が楽しくなる 雑草手帳』（東京書籍）、『弱者の戦略』（新潮選書）、『植物はなぜ動かないのか』『はずれ者が進化をつくる』（以上、ちくまプリマー新書）、『生き物の死にざま』（草思社文庫）、『生き物が大人になるまで』（大和書房）、『38億年の生命史に学ぶ生存戦略』（ＰＨＰエディターズ・グループ）、『面白くて眠れなくなる植物学』『世界史を変えた植物』（以上、ＰＨＰ文庫）など多数。

本書は、2017年７月にＰＨＰエディターズ・グループから刊行された作品を文庫化したものである。

ＰＨＰ文庫　怖くて眠れなくなる植物学

2022年２月15日　第１版第１刷

著　　者　稲垣栄洋
発 行 者　永田貴之
発 行 所　株式会社ＰＨＰ研究所
東京本部　〒135-8137　江東区豊洲5-6-52
ＰＨＰ文庫出版部　☎03-3520-9617(編集)
普及部　☎03-3520-9630(販売)
京都本部　〒601-8411　京都市南区西九条北ノ内町11

PHP INTERFACE　https://www.php.co.jp/

制作協力
組　　版　株式会社PHPエディターズ・グループ

印 刷 所
製 本 所　図書印刷株式会社

 ISBN978-4-569-90194-7

PHP文庫

面白くて眠れなくなる植物学

稲垣栄洋 著

累計70万部突破の人気シリーズの植物学版。木はどこまで大きくなる？ 植物はなぜ緑色？ 想像以上に不思議で謎に満ちた植物の生態に迫る。

PHP文庫

世界史を変えた植物

稲垣栄洋 著

一粒の麦から文明が生まれ、コショウが大航海時代をつくり、茶の魔力が戦争を起こした。人類を育み弄させた植物の意外な歴史に迫る!

PHP文庫

面白くて眠れなくなる人体

坂井建雄 著

鼻の孔はなぜ2つあるの？ 脳そのものは、痛みを感じない？ 最も身近なのに「未知の世界」である人体のふしぎを、わかりやすく解説！

PHP文庫

面白くて眠れなくなる生物学

長谷川英祐 著

生命は驚くほどに合理的⁉――「人間の脳にそっくりなアリの社会」「メス・オスに性が分かれた秘密」など、驚きのエピソードが満載！

PHP文庫

面白くて眠れなくなる理科

左巻健男 著

大人も思わず夢中になる、ドラマに満ちた自然科学の奥深い世界へようこそ。大好評「面白くて眠れなくなる」シリーズ！